"保护长江"
环保课堂知识读物

杨延梅　等 编著

中国环境出版集团·北京

图书在版编目（CIP）数据

"保护长江"环保课堂知识读物 / 杨延梅等编著.
北京：中国环境出版集团，2024. 12. — ISBN 978-7
-5111-6023-2

Ⅰ．X321.25-49

中国国家版本馆 CIP 数据核字第 2024JB6630 号

责任编辑　曹　玮
封面设计　岳　帅

出版发行　中国环境出版集团
　　　　　（100062　北京市东城区广渠门内大街16号）
　　　　　网　　址：http://www.cesp.com.cn
　　　　　电子邮箱：bjgl@cesp.com.cn
　　　　　联系电话：010-67112765（编辑管理部）
　　　　　发行热线：010-67125803，010-67113405（传真）
印　　刷　北京中科印刷有限公司
经　　销　各地新华书店
版　　次　2024 年 12 月第 1 版
印　　次　2024 年 12 月第 1 次印刷
开　　本　880×1230　1/32
印　　张　9
字　　数　240 千字
定　　价　45.00 元

中国环境出版集团郑重承诺：
中国环境出版集团合作的印刷单位、材料单位均具有中国环境标志产品认证。

　　本书由重庆交通大学和重庆市环境科学学会共同组织编写，同时得到了中国环境科学学会项目"大学生志愿者千乡万村环保科普行动典型案例——环保课堂"、重庆市环境科学学会项目"重庆市'大学生在行动'生态环境科普活动"、重庆市社会科学规划科普项目"'保护长江'环保课堂知识读本"、重庆交通大学2024年民族团结进步创建活动项目"以'绿色天使'志愿服务活动为载体，同心共筑民族团结进步幸福梦"的支持。

"码"上加入绿色接力 共护
一江碧水 向东流

AI长江保护科普员

为关心长江、热爱长江的你
提供智能问答与内容检索服务，
共同助力科学传播。

伟大母亲河

图文科普

见证6397米的绵长，
180万平方公里的博大。

多彩生物圈

影像记录

十年禁渔，久久为功，
谱写长江保护新篇章。

低碳进行时

环保贴士

低碳生活在行动，
点滴努力铸就美好明天。

前　言

习近平总书记指出："我们既要绿水青山，也要金山银山。宁要绿水青山，不要金山银山，而且绿水青山就是金山银山。"随着社会的进步，相应的生态环境要求会更高。依据《中共中央　国务院关于深入打好污染防治攻坚战的意见》中提出的持续打好长江保护修复攻坚战的要求和《中华人民共和国长江保护法》《长江经济带发展规划纲要》《"十四五"长江经济带发展实施方案》等的有关要求，结合《中国儿童发展纲要（2021—2030年）》中对提高儿童生态环境保护意识的要求，特编著《"保护长江"环保课堂知识读物》。

本书围绕"长江流域现状及其自然保护区""探寻长江之珍，守护生命多彩""拒绝'白色污染'，共创绿色家园""长江大保护——低碳生活，从我做起""辐射及其防护""科技与环保"6个主题来介绍环保知识，包括长江的重要战略地位及经济发展、长江流域概况和水系组成及自然资源、生物多样性及自然保护区、"白色污染"、碳达峰碳中和及绿色低碳生活、辐射的基本概念及类型、常见辐射的危害与防护、科技与生态环境保护等知识点；并创作汇编了环保宣传画，介绍了相关法律法规。目前，环保课堂知识读物系列已有《"蓝天、碧水、净土"环保课堂知识读本》这一科普读物，《"保护长江"环保课堂知识读物》的出版，可以进一步丰富生态环境教育的资源，更好地促进长江生态环境教育活动的开展，提升公众的生态环境素养，推动绿色低碳生产生活方式，促进绿色低碳循环发展，推进能源资源节约，预防和减少污染物排放，改善生态环境。

参加本书编著的还有方俊华、伍友娟、陈佳佳、杨柳、夏绍兴、李晶、周宏光、秦燕、邓华、耿玉姣、彭琳、肖鹏、陈秋月、吴雨霞、黄龙浩、王双喜、何茂正、贺万壮、付圻、杨思楠、杨金山、冉雨晴、鲍宇豪、叶志豪、杨雯清、徐鸿飞、刘瑶、吕远洋、陈聪聪、涂杨萍、夏铜、付宇、舒辉秀、梁柱、郭明坤、娄洪波、陶如发、王芳、王倪、张鹏、胥可洋、赖妍伶、谭双双、徐净怡和环保宣传画的作者们。

杨延梅

2024 年 7 月

目 录

第一章　长江流域现状及其自然保护区

　　长江是中华民族的母亲河，给沿岸 4 亿多人民带来灌溉之利、舟楫之便、鱼米之裕，是中华民族永续发展的重要支撑。本章从长江的重要战略地位、产业发展、流域概况和水系组成、自然资源、面临的主要环境问题及保护措施等方面进行介绍。

一、长江的重要战略地位

　　长江是中华民族的母亲河，是中华民族发展的重要支撑。长江以其庞大的河湖水系，独特完整的自然生态系统，强大的涵养水源、繁育生物、释氧固碳、净化环境功能，维护着我国重要的生物基因宝库和生态安全；以其丰富的水土、森林、矿产、水能和航运资源，保障着国家的供水安全、粮食安全和能源安全；通过流域的治理与开发，养育着 4 亿多人口，孕育着灿烂的长江文明，在经济社会发展中发挥着重要作用。

（一）自然资源概况

　　长江流域水资源总量占全国的 35%，单位产水量是全国平均水平的 2 倍，包括流域内的 4 亿多人口及南水北调工程惠及的黄淮海流域数千万人，全国近 5 亿人依靠长江水生活和生产，长江已成为我国最主要的水源地。长江的水能资源占全国的 47%，矿产资源储存量占全国总量 50% 以上的有 30 种，森林面积 618 700 千米^2，木材蓄积量占全国的 1/4，鱼类有 400 余种，淡水渔业产量占全国的一半，具有丰富的自然资源。

（二）生物多样性与自然保护区概况

长江流域横跨我国西南、华中和华东三大区，地形地貌、气候等自然地理因素在流域内差异极大，形成了极其复杂多样的生境类型，物种多样性极高，是我国重要的生物资源宝库，此流域的西南山地更是全球 36 个生物多样性保护热点区域之一，因此，长江流域是具有全球重大意义的生物多样性优先保护区域。

目前，我国长江流域已形成较为成熟的自然保护地体系，有国家自然保护区、水生动植物保护区、风景名胜区、世界自然和文化遗产、国家地质公园、重点文物保护单位、国家森林公园、重要涉水景观、重要人文景观和水利风景区等不同级别的各类保护区 561 个，其中国家级自然保护区 59 个，省级自然保护区 202 个，三江源、虎跳峡、三峡、峨眉山、九寨沟、庐山、黄山、洞庭湖、鄱阳湖、崇明东滩等保护区众多。保护区内，国家一级保护野生动物及珍稀特有物种丰富，包括陆地上的大熊猫、金丝猴等，水中的江豚、中华鲟、达氏鲟、扬子鳄等。

（三）长江经济带的重要地位

长江经济带横跨我国东、中、西三大区域，覆盖上海、江苏、浙江、安徽、江西、湖北、湖南、重庆、四川、云南、贵州 11 个省（市），内含长三角城市群、长江中游城市群、成渝城市群，综合实力强、发展潜力大、战略支撑作用大，是我国东、中、西互动合作的协调发展带。长江经济带是我国最具综合优势与发展潜力的资源带、产业带、经济带之一，战略地位极其重要。2016 年 9 月，中共中央、国务院印发《长江经济带发展规划纲要》（以下简称《规划纲要》），明确了长江经济带发展的目标、方向、思路和重点。《规划纲要》提出要将长江经济带打造成为生态文明建设的先行示范带、引领全国转型发展的创新驱动带、具有全球影响力的内河经济带、东中西互动合作的协调发展带，确立了长江经济带"一轴、两翼、三极、多点"的发展新格局："一轴"是以长江黄金水道为依托，发挥上海、武汉、重庆的核心作用，以沿江主要城镇为节点，构建沿江绿色发展轴；"两翼"是发挥长江主轴线的辐射带动作用，向南北两侧腹地延伸拓展，提升南北两翼支撑力；"三极"是以长江三角洲城市群、长江中游城市群和成渝城市群为主体，发挥辐射带动作用，打造长江经济带三大增长极；"多点"是发挥三大城市群以外地级城市的支撑作用，带动地区经济发展。近年来，从长江流域重点水域实行十年禁捕到《中华人民共和国长江保护法》（以下简称《长江保护法》）正式颁布、制定《规划纲要》，再到沿线 11 省（市）划定生态保护红线和出台长江经济带国土空间规划，长江经济带发展的政策框架基本建立。

2020 年，习近平总书记在南京主持召开全面推动长江经济带发展座谈会上进一步强调，推动长江经济带发展是党中央作出的重大决策，是关系国家发展全局的重大战略。长江经济带各省（市）应坚定不移贯彻新发展理念，推动长江经济带高质量发展，谱写生态优先绿色发展新篇章，打造区域协调发展新样板，构筑高水平对外开放新高地，塑造创新驱动发展新优势，绘就山水人城和谐相融新画卷，使长江经济带成为我国生态优先绿色发展主战场、畅通国内国际双循环主动脉、引领经济高质量发展主力军。

2023 年，习近平总书记在南昌主持召开进一步推动长江经济带高质量发展座谈会，强调要完整、准确、全面贯彻新发展理念，坚持共抓大保护、不搞大开发，坚持生态优先、绿色发展，以科技创新为引领，统筹推进生态环境保护和经济社会发展，加强政策协同和工作协同，谋长远之势、行长久之策、建久安之基，进一步推动长江经济带高质量发展，更好支撑和服务中国式现代化。据 2024 年 2 月 29 日国家统计局发布的《中华人民共和国 2023 年国民经济和社会发展统计公报》，长江经济带地区生产总值584 274 亿元，增长 5.5%；长江三角洲地区生产总值 305 045 亿元，增长 5.7%。

当前，长江流域生态环境保护和高质量发展正处于由量变到质变的关键时期。我们要深入贯彻落实习近平总书记重要讲话精神，统筹推进生态环境保护和经济社会发展，以长江经济带高质量发展更好支撑和服务中国式现代化。

二、长江经济带的多产业发展

长江经济带的产业体系涵盖了农业、矿业、水运、工业多个领域，形成了一个综合性的产业体系。

（一）农业

依据 2010 年年底国务院批准实施的《全国主体功能区规划》（以下简称《规划》），从主体功能分区来看，长江经济带包含国家级城市化地区约 322 个区（县）、农产品主产区 286 个区（县）、重点生态功能区 146 个区（县）。

长江流域有耕地 2 460 多万公顷，占全国耕地总面积的 1/4，而农业生产值占全国农业总产值的 40%，粮食产量也占全国的 40%，其中水稻产量占全国的 70%，棉花产量占全国的 1/3 以上。油菜籽、芝麻、蚕丝、麻类、茶叶、烟草、水果等经济作物，在全国占有非常重要的地位。成都平原、江汉平原、洞庭湖区、鄱阳湖区、巢湖地区和太湖地区都是中国主要的商品粮基地。所以，长江流域不愧为中国最主要的农业生产基地。渔业方面，现有水面约 1.3 亿亩①，接近全国淡水总面积的 1/2，其中可供养殖的约 5 000 万亩。

长江流域西部虽为气候高寒的青藏高原，但草场辽阔，日照充足，温差较大，有利于牧草生长，牧草营养丰富，适口性好，是中国重要的牧区。主要牲畜有藏牦牛、藏绵羊、藏山羊、藏马。而长江中下游则农业发达，养殖业兴旺，四川、湖南、江苏是全国生猪拥有量最多的省份，四川、上海、湖南每公顷耕地载有生猪量为全国较高的地区，四川的黄牛、水牛等大家畜拥有量居全国之首。所以说，长江流域又是畜牧业生产的重要基地。

自《规划》实施以来，长江经济带农业综合发展处于中等及以上水平的主体功能区所占比例由 78.77% 提升至 83.44%，农业综合发展水平整体有所提高。长江经济带国家级农产品主产区中农业综合发展中等及以上水平区（县）所占比例由 90.56% 提升至 98.95%，国家级农产品主产区整体运行良好。

2023 年 10 月 12 日，习近平总书记在江西省南昌市主持召开进一步推动长江经济带高质量发展座谈会并发表重要讲话，强调沿江省（市）无论是粮食主产区还是主销区、产销平衡区，都要扛牢粮食安全责任。强化耕地数量、质量、生态"三位一体"保护，逐步把永久基本农田建成高标准农田，加强农业种质资源保护利用，实施生物育种重大项目，提高种业企业自主创新能力。把粮食增产的重心放到大面积提高单产上，加强良田良种、良机良法的集成推广，

---

① 1 亩≈666.7 米²。

发展多种形式适度规模经营和社会化服务。2024 年 2 月 9 日，国务院关于《长江经济带—长江流域国土空间规划（2021—2035 年）》的批复提到，到 2035 年，长江经济带—长江流域耕地保有量不低于 59 974 万亩，其中永久基本农田保护面积不低于 49 845 万亩。

（二）矿业

长江经济带横跨东、中、西三大地势阶梯，地貌单元多样，地质条件复杂，涉及重要成矿带 10 个，矿产资源种类多、储量大，成矿条件较好，是我国重要的矿产资源基地，肩负着保障国家资源供给安全的重任。据统计，长江经济带有 29 种矿产的储量占全国的 20%～60%，其中页岩气储量占全国的 100%；锑、钨、锡、磷、萤石、稀土等战略性矿产产量占全国比例均超过 70%。长江经济带矿业的发展为地方社会经济发展做出巨大贡献。

（三）水运

长江水运总通航里程 7 万千米，占全国的 70% 以上，干流通航里程 2 808 千米。如今，长江干线形成了三大航运中心、22 个主要港口和 26 个水运开放口岸。长江水系 14 省（市）拥有内河货运船舶近 12 万艘，居世界先进水平。因长江出色的水运通航能力，人们将其称为"黄金水道"。

自 2004 年起，长江航道货运量就居世界内河第一位，2005 年货运量达 7.95 亿吨，2010 年达 15.02 亿吨，到 2015 年长江干流货运量已达 21.8 亿吨，超过世界上内河航运最繁忙的密西西比河、莱茵河和多瑙河三大河货运量的总和。2023 年，长江干线港口货物吞吐量约 38.8 亿吨、三峡枢纽货物通过量约 1.7 亿吨、引航船舶载货量约 4.5 亿吨。

2019 年，长江水系内河船舶运输企业达 3 500 余家，港口企业 2 000 余家；拥有内河货运船舶 10 万余艘，净载重吨超过 1 亿吨。长江干线货船平均吨位达 1 780 吨，居世界先进水平。长江航运建设以深化供给侧结构性改革为主线，强化国家重点工程建设，加快补齐航运基础设施短板，全面建成了南京以下 12.5 米深水航道，初步打通了荆江航道"瓶颈"，全面开工建设"645 工程"（长江深水航道整治工程），长江干线高等级航道全面建成。

长江航运以关键技术攻关为抓手，推动新旧动能转换，组织实施了以"黄金水道通过能力提升技术"为代表的一大批科研项目，在运输组织、航道整治、枢纽通航等方面的关键技术上取得突破，形成了一批具有自主知识产权、达到国际先进水平的科研成果。挖掘黄金水道潜能，提升黄金水道功能是长江航运高质量发展的重要基础。航道是航运的基础，高质量的长江航运必然需要更加畅通、便捷、高效的航道作支撑。

（四）工业

长江经济带沿江地区水运便捷，水资源丰富，相对内陆环境容量较大，享有工业发展得天独厚的条件。长江经济带工业系统贡献了我国诸多产业的"半壁江山"，沿江已形成多个具有全球影响力的制造业产业集群。长江经济带多年高速发展，导致长江长期无序发展和过度开发，沿江工业集聚、园区密布，资源能源消耗及污染物排放量大，累积了大量生态环境问题，生态环境压力和风险持续加大，已超出其自身承载能力。党的十八大以来，长江经济带提质增效升级，巴山蜀水至江南水乡间，正崛起一条充满活力的战略性新兴产业带。

依托长江黄金水道，世界最大内河经济走廊正加快形成。长江经济带 11 省（市）重点产业上下协同、有机互融，不断开辟新赛道、塑造新优势。以电子信息、高端装备、汽车、家电、纺织服装五大世界级产业集群为引领，连接上下游、左右岸、干支流、江湖库，长江经济带区域内产学研合作越来越密切，不断推进产业基础高级化、产业链现代化，全面提升战略性新兴产业全球影响力。

近年来，作为长江经济带的龙头，上海奋力打造全球科技型初创企业首选地。2022 年，上海新增科技企业 10.7 万户，占全市新设企业数的 28.9%，相当于每新设 4 家企业，就至少有 1 家高新技术企业。

在长江中下游的安徽，"芯屏汽合"产业协同发力，融通创新。其中，新型显示产业形成"从沙子到整机"的全产业链格局，拥有 5 条高世代显示面板生产线，产业年产值突破 1 000 亿元，显示器件主营业务收入超过全国 1/5，成为影响全球新型显示产业的重要力量之一。

在有"中国光谷"之称的武汉东湖新技术开发区，光电子信息产业整体规模已超 5 000 亿元，成为全球知名光电子产业基地。走进光谷，长飞光纤公司一座高 30 米的拉丝塔正高速作业。光纤预制棒经过约 2 000℃的高温软化，以 3 500 米/分的速度被拉成头发丝般的光纤。公司负责人说，"从跟跑到并跑，再到领跑，长飞光纤已实现预制棒到光纤、光缆全链国产化，产品销往全球 90 多个国家和地区"。

溯江而上，西部科创高地重庆两江新区正全力打造生命健康产业高地。依托上下游完整的产业生态，两江新区正着力推动"医学—医药—医械—医疗""产业链—创新链—服务链"融合，为企业发展提供良好的产业环境。2022 年，两江新区生命健康产业规模135.1 亿元，同比增长 18.5%，聚集相关企业 241 家，拥有重庆市 2/3

的创新医疗器械企业。

在贵州省贵安新区中国电信云计算贵州信息园，大数据业务从互联网数据中心存储拓展到云服务等多个业务板块，服务客户上万家。作为国家级大数据综合试验区，贵州省积极实施大数据战略行动，不断推动数字经济与实体经济融合发展。目前，贵州累计落地大型、超大型数据中心18个，其中超大型数据中心8个。到2025年，贵州数据中心标准机架将达到80万架、服务器达到400万台，累计建成5G基站18万个以上。

战略性新兴产业蓬勃发展，成为长江经济带高质量发展强劲引擎。2022年，长江经济带GDP达56万亿元，占全国比重达到46.5%，比2015年增加1.4个百分点，形成电子信息、高端装备、汽车、家电、纺织服装五大世界级产业集群。2023年，长江经济带11省（市）规模以上工业企业营业收入同比增长2.1%，高于全国增速1.0个百分点。2023年规模以上工业企业利润总额同比增长0.1%，高于全国平均水平2.4个百分点，增速较一季度、上半年、前三季度分别回升21.7个百分点、14.0个百分点、6.1个百分点，扭转了下滑趋势。2023年，长江经济带11省（市）工业增加值同比增长5.1%，快于全国平均水平0.9个百分点。

三、长江的流域概况和水系组成

（一）长江的流域概况

长江发源于青海省西南部、青藏高原上的唐古拉山脉主峰各拉丹冬雪山，曲折东流，干流先后流经青海、四川、西藏、云南、重庆、湖北、湖南、江西、安徽、江苏、上海共11个省（区、市），最后注入东海。全长 6 363 千米,是中国第一大河,也是亚洲最长的河流,世界第三大河,流域面积 180 万千米^2,约占全国总面积的 1/5,年入海水量 9 513 亿米^3,占全国河流总入海水量的 1/3 以上。流经中国青藏高原、横断山区、云贵高原、四川盆地、长江中下游平原,流域绝大部分处于湿润地区。

长江是中国水量最丰富的河流,约占全国河流径流总量的 36%,为黄河的 20 倍,在世界仅次于赤道雨林地带的亚马孙河和刚果河(扎伊尔河),居第三位。与长江流域所处纬度带相似的南美洲的拉普拉塔河-巴拉那河和北美洲的密西西比河,流域面积虽然都超过长江,水量却远比长江少,前者约为长江的 70%,后者约为长江的 60%。

长江水系流域面积大于 50 千米^2 的河流有 10 741 条,超过 8 万千米^2 的有雅砻江、岷江、嘉陵江、乌江、沅江、湘江、汉江、赣江 8 条。流域面积以嘉陵江为最大,16 万千米^2;干流长度以汉江为最长,1 577 千米;水量以岷江为最大,年水量(高扬站)877 亿米^3。

(二)长江的水系组成

长江干流自西而东横贯中国中部。数百条支流辐辏南北,延伸至贵州、甘肃、陕西、河南、广西、广东、浙江、福建 8 个省(区)的部分地区。淮河大部分水量也通过大运河汇入长江。

长江干流自江源至湖北宜昌为上游,长约 4 500 千米,流域面积 100 万千米^2;宜昌至江西湖口为中游,长 950 多千米,流域面积 68 万千米^2;湖口以下为下游,长 938 千米,流域面积约 12 万千米^2。长江的主要支流有雅砻江、岷江、嘉陵江、乌江、沅江、汉江和赣江等,它们的平均流量都在 1 000 米^3/秒以上(均超过黄河支流流量)。长江流域大部分属于亚热带季风气候区,温暖湿润,多年平均降水量 1 100 毫米，多年平均入海水量近 1 亿米 ^{3}，占中国河川径流部量的 36%左右，约等于 20 条黄河。

四、长江丰富的自然资源

（一）长江丰富的水资源

长江流域是我国水资源配置的战略水源地。长江流域水资源相对丰富，多年平均水资源量 9 959 亿米 ^{3}，约占全国的 36%，居全国各大江河之首，单位国土面积水资源量为 59.5 万米 ^{3}/千米 ^{2}，约为全国平均值的 2 倍。每年长江供水量超过 2 000 亿米 ^{3}，支撑流域经济社会供水安全，通过南水北调、引汉济渭、引江济淮、滇中引水等工程建设，惠泽流域外广大地区，保障供水安全。

（二）长江丰富的水能资源

长江流域是实施能源战略的主要基地。长江流域是我国水能资源最为富集的地区，水力资源理论蕴藏量达 30.05 万兆瓦，年电量 2.67 万亿千瓦时，约占全国的 40%；技术可开发装机容量 28.1 万兆瓦，年发电量 1.30 万亿千瓦时，分别占全国的 47%和 48%，是我国水电开发的主要基地。

（三）长江宝贵的鱼类资源

长江流域是全球生物多样性最丰富的生态区之一。长江流域独特的地质形成过程，气候、地理、地貌条件的多样性和复杂的江湖关系，使其成为全球生物多样性最丰富的生态区之一。白鲟、中华鲟、白鱀豚、江豚等旗舰物种在此区域生活了上百万年甚至上千万年。其中，长江江豚作为长江流域的顶级捕食者，是唯一淡水生活的鼠海豚类，主要栖息于长江中下游干流及部分汉江、洞庭湖和鄱阳湖及相通的部分支流，成为整个长江生态系统健康与否的指示物种，受到极大的关注。

长江流域鱼类多样性尤为丰富，"鱼类基因的宝库""经济鱼类的原种基地"等称号就是最好的说明。长江流域共分布有鱼类416种，其中淡水鱼类有362种，包括长江特有鱼类178种，占长江流域鱼类总量的42.8%，仅分布于长江上游的特有鱼类就多达97种。鱼类的多样性造就了长江流域丰富的渔业资源。仅青、草、鲢、鳙"四大家鱼"的鱼苗年产量在长江就曾高达300亿尾，蟹苗100亿只，鳗苗2亿尾。

（四）长江的植被资源丰富

长江流域主要位于亚热带常绿阔叶林区，并包括青藏高原植被区的一部分。全流域森林面积110万千米^2，占全国森林总面积的56.5%，森林覆盖率为29.2%。因复杂的地质活动和气候变化历史及多样的地形和环境条件，该流域形成了丰富的林木资源，包含高水平的物种多样性和特有性。在中国种子植物物种多样性最高的3个热点地区中，有2个位于长江流域，分别是横断山脉地区和华中地区，各有种子植物7 954种和6 390种，分别占全国总数的28%和22%；各有中国特有植物5 079种和4 035种，分别占该地区种子植物总数的63.9%和63.1%。其中，珍稀濒危植物有154种，占全国总数的39.7%，国家重点保护植物126种，占全国总数的42.9%。此外，长江流域还分布有52科、121属、298种水生植物，分别占我国水生植物科、属和种数量的77.6%、71.6%和57.6%，是我国水生植物多样性的中心区域。其中，珍稀濒危水生植物有47种，占长江流域水生植物总数的 16.1%，全国珍稀濒危水生植物总数的 46.1%。在华中和华南地区的 20 个中国特有植物分布中心中，长江流域有 10 个，并包含特有性最高的 3 个。长江流域的用材树种同样丰富，根据《中国植物志》，中国有用材树种 1 100 余种，该流域有约 540 种，占全国用材树种总数的 49%左右。

五、长江流域面临的主要环境问题

（一）水质安全面临严峻挑战

长江是我国第一大河，2000 年以来长江流域水环境形势发生了巨大变化。2003—2010 年，长江下游江段氨氮浓度总体呈明显上升趋势，2013—2018 年大幅下降，降幅约 65%；2012—2018 年，长江干流大部分江段总磷浓度呈明显下降趋势，其中上游下降最大，为 45%～60%；2003—2018 年，长江干流高锰酸盐指数、重金属和石油类污染均明显减轻。据水利部长江水利委员会发布的信息，2005—2018 年，长江流域废污水排放量从 296.4 亿吨增加到 344.1 亿吨。2011 年，Ⅰ～Ⅲ类水质断面只有七成多，到 2018 年，已达 88.2%。2023 年 1—5 月，长江经济带水质优良断面（Ⅰ～Ⅲ类）比例为 94.0%，同比提高 0.5 个百分点，长江干流国控断面连续 3 年全线达到Ⅱ类水质。然而，2024 年 5 月 27 日，第三轮第二批中央生态环境保护督察曝光典型案例，聚焦长江流域水环境问题。督察组指出，上海市尚未建成与超大城市发展相适应的水环境治理体系，2023 年上海全市有 3 500 多万吨污水直排长江；湖南省部分城市水环境基础设施建设改造缓慢，污水直排问题依然突出，部分河流断面水环境质量恶化；重庆市 2023 年城市生活污水集中收集率为 65.21%，比全国平均水平低 5 个百分点等。尽管长江流域的水质状况总体上在改善，但仍存在一些污水排放问题，需要进一步加强治理和监管。

（二）水生态功能退化

由于梯级水电站建设、毁灭式的捕捞和水污染等综合因素，河流水文和泥沙输移过程发生巨大变化，河岸及洲滩生物栖息地功能下降，长江几乎所有珍稀和特有水生生物都面临生存困难，甚至出现灭绝，如白鱀豚、白鲟等。到 2017 年，长江江豚数量仅 1 000 头左右，比大熊猫数量还少；中华鲟连续多年没有自然产卵；长江中下游的"三鲜"（鲥鱼、河豚和刀鱼）中的鲥鱼已灭绝，刀鱼和河豚数量极少；中华绒螯蟹资源也接近枯竭；"四大家鱼"（青、草、鲢、鳙）是长江中最多的经济鱼类，资源量已大幅萎缩，种苗发生量与 20 世纪 50 年代相比下降了 90% 以上，年产卵量从最高 1 200 亿尾降至最低不足 10 亿尾；野生鱼类年捕捞量不足 10 万吨，不到 20 世纪 50 年代的 20%，长江水生态系统功能严重退化。《长江流域水生生物资源及生境状况公报（2022 年）》显示，随着长江十年禁渔稳步实施，长江流域水生生物资源量呈恢复态势，水生生物多样性水平有所提升。2022 年，长江流域重点水域监测到土著鱼类 193 种，比 2020 年（同监测点位）增加 25 种。长江干流科研监测的单位捕捞量比 2021 年增加 20.0%。"四大家鱼"、刀鲚等资源恢复明显，刀鲚能够溯河洄游至历史最远水域洞庭湖，多年未监测到的鳤在长江中下游干支流和通江湖泊多个水域出现。但长江流域水生生物完整性指数值总体仍处于低位，重点物种保护形势依然严峻。长江流域重点水域监测到外来鱼类 23 种，外来物种种类有所增加，存在一定的入侵风险。

（三）供水保障能力仍显不足

滇中、黔中、衡邵走廊及洞庭湖北部等地区季节性水资源短缺问题仍然突出，应急供水能力亟待提高。重要饮用水水源地保护不到位，水质不达标的占 5%，还有 13% 的水源地设有排污口，引水口与排污口犬牙交错。

（四）水域和岸线开发利用过度

水域岸线是河湖生态系统的重要载体，作为一种独特、有价值、不可替代的资源在维持生态安全和地球稳定性方面起着基础性作用。根据遥感影像解译，长江干流（宜宾市以下）岸线长约 7 909 千米，2017 年长江干流岸线开发利用率为 35.9%、自然岸线保有率为 64.1%；长江上、中、下游的岸线开发利用率极不均衡，下游最高，如上海市岸线开发利用率约为 50%、江苏省岸线开发利用率接近 60%。长江两岸出现化工企业围江，非法码头遍布现象，已利用岸线多为硬质护坡，失去了生态屏障功能。河道中的大量洲滩也被开发利用，成为堆放废弃物质、砂石场地，或者开发成农田，再加上河道内无序采砂等问题，使许多水生生物栖息地被破坏。"新华视点"记者随中央第六生态环境保护督察组在重庆市云阳县、奉节县等地走访发现，部分长江及重要支流的自然岸线被严重侵占，自然生态环境遭破坏，超规多占、未批先建，生产生活垃圾严重污染江河等乱象丛生。

（五）长江与通江湖泊关系失调

湖泊被称为"地球之肾"，历史上长江两岸绝大多数湖泊与长江相通。20 世纪 50 年代以来受围垦等影响，长江中下游通江湖泊数量急剧减少，从 102 个减少到 3 个（洞庭湖、鄱阳湖和石臼湖），通江湖泊面积也从 17 200 千米^2 减少到现状约 6 000 千米^2。三峡水库蓄水运用后，受三峡水库及长江上游控制性水库的影响，两大通江湖泊洞庭湖、鄱阳湖与长江的关系也发生了新的变化，两湖枯水时间提前近 1 个月、枯水期延长 40～50 天，两湖频频"干旱见底"。

（六）防洪形势依然严峻

确保防洪安全是长江大保护的前提、生态文明建设的基础。长江经济带面积广、降水量大、暴雨集中，长江中下游形成的洪水峰高量大、持续时间长，但长江中下游河道安全宣泄能力不足，造成历史上长江中下游洪涝灾害频发。以三峡水库为核心的长江上游控制性水库陆续建成后，长江中下游防洪形势有所缓解，但防洪安全仍面临一系列问题，与保障区域高质量发展要求还存在一定的差距。

蓄滞洪区是长江中下游防洪体系的重要组成部分。遇大洪水时，长江中下游仍有大量超额洪量。除水库拦蓄外，长江中下游大部分超额洪量需要通过蓄滞洪区分蓄。长江中下游规划了 40 处、总容积约 $5.9×10^{10}$ 米^3 蓄滞洪区。在蓄滞洪区建设过程中面临安全工程建设取土与征地困难，移民补偿标准偏低、居民搬迁意愿不强等问题，实施难度较大。

从 2016 年、2017 年、2020 年等长江中下游洪涝灾害来看，长江中下游的防洪险情主要以湖区、支流堤防发生的险情为主，长江干流险情不大。长江中下游的两湖地区大部分堤垸防洪标准不足 10～20 年一遇，标准偏低。洞庭湖区的 11 个重点垸堤防虽然堤身形象已达标，但其实施时间早、建设标准低，目前堤身堤基存在较大安全隐患，亟待实施全面达标加固建设；鄱阳湖区的 $1×10^4$～$5×10^4$ 亩圩堤多数未进行系统加固，遇高洪水位极易出现溃垸险情。

洲滩是河道行蓄洪水的重要场所，在防御2020年大洪水过程中，通过适时运用部分洲滩民垸行蓄洪水有效降低了洪峰水位。当前，长江中下游干流河道内有洲滩民垸406个，总面积约2 500千米²，洲上有居民约130万人，大部分洲滩堤防堤身单薄、堤基质量差，遇大洪水极易自然溃决，居民安全得不到保障。极端强降水事件的频繁发生，加大了长江经济带区域性防洪安全风险。据预测，2024年长江流域气候年景总体偏差，防汛抗旱形势复杂严峻。

（七）流域管理体制机制不完善

长江开发利用和保护管理涉及多个部门和省（市），国家部门之间、流域与区域之间、地区与地区之间各自为政，出现"九龙治水"的现象，缺乏统一、协调的长江开发利用与保护管理规划和政策，导致生态环境问题日益突出。长江保护机制不健全，如生态环境、自然资源、生物多样性等监测资料共享机制、流域生态补偿机制、联合监督执法机制等。

六、保护长江功在当代，利在千秋

（一）颁布法律法规

2020年12月26日，十三届全国人大常委会第二十四次会议表决通过《长江保护法》，该法于2021年3月1日正式施行。贯彻落实《长江保护法》，对于加强长江流域生态环境保护和修复、促进资源高效合理利用、保障生态安全具有重要意义。

（二）实施政策规划

"十四五"是在 2020 年全面建成小康社会、打好打胜污染防治攻坚战的基础上，向美丽中国目标迈进的第一个五年。《中华人民共和国国民经济和社会发展第十四个五年规划和2035年远景目标纲要》（以下简称《"十四五"规划纲要》），把"推动绿色发展 促进人与自然和谐共生"作为"十四五"时期的重大任务，立足新发展阶段，贯彻新发展理念，构建新发展格局，加强生态文明建设，实现人与自然和谐共生的现代化。

2021 年 11 月，为认真贯彻落实习近平总书记在南京座谈会上的新指示精神，科学谋划"十四五"长江经济带发展的战略举措，推动长江经济带发展领导小组办公室组织编制了《"十四五"长江经济带发展实施方案》和重点领域、重点行业的专项规划和实施方案，形成了以《"十四五"长江经济带发展实施方案》为统领，以综合交通运输体系规划和环境污染治理"4+1"工程、湿地保护、塑料污染治理、重要支流系统保护修复等系列专项实施方案为支撑的"十四五"长江经济带发展"1+N"规划政策体系。"十四五"长江经济带污染治理"4+1"工程实施方案是长江经济带生态环境保护修复的治本之策，主要包括城镇污水垃圾处理、化工污染治理、农业面源污染治理、船舶污染治理和尾矿库污染治理，对"十四五"时期"4+1"工程的主要目标和重点任务作了安排。通过方案的落实，推动"4+1"工程提质扩面，进一步夯实沿江省（市）污染治理基础，标本兼治解决生态环境污染问题。

2022 年 1 月，水利部印发关于完善流域防洪工程体系的指导意见和实施方案，明确了完善流域防洪工程体系的总体要求，统筹部署各项任务措施，指出流域防洪工程体系是抵御洪涝灾害威胁、保障防洪安全的第一道防线，关乎国家安全发展和人民群众生命财产安全。为深入贯彻落实习近平总书记关于保障水安全及防洪减灾工作的重要指示批示精神，落实党中央、国务院有关部署，按照推动新阶段水利高质量发展的要求，水利部部署启动新一轮七大流域防洪规划修编工作。

2022 年 5 月，水利部制定印发《关于加强河湖水域岸线空间管控的指导意见》，以加强河湖水域岸线空间管控，保障行洪通畅，复苏河湖生态环境。该指导意见提出要明确河湖水域岸线空间管控边界，严格河湖水域岸线用途管制，规范处置涉水违建问题，推进河湖水域岸线生态修复，提升河湖水域岸线监管能力，构建人水和谐的河湖水域岸线空间管理保护格局，不断增强人民群众的获得感、幸福感和安全感。

2023 年 5 月，经国务院同意，生态环境部等 5 部门联合印发《重点流域水生态环境保护规划》。该规划聚焦长江流域"十四五"亟待解决的水生态环境重点问题，回应人民群众关心的突出环境问题，突出重点领域、重点行业、重点区域环境治理与生态修复，提出了"十四五"期间切实可行的工作安排。并针对长江特点，在湖泊富营养化控制和重点水体水生态保护修复，生态调度和生态用水保障，"三磷"整治、入河排污口整治和面源、内源污染防治，尾矿库、底泥重金属等水环境风险防控方面提出了进一步要求。一是强化源头、系统、综合治理，稳步推动重点水体水生态整体改善；二是以解决人民群众身边的环境问题为重点，提供良好生态产品；三是坚持精准、科学、依法治污，巩固深化水污染治理成效；四是坚持节约优先、保护优先，着力保障河湖基本生态用水；五是坚持联防联控、强化能力建设，有效防范化解流域水环境风险。

（三）设立生态环境监督管理部门

2019 年，长江流域生态环境监督管理局挂牌成立。长江流域生态环境监督管理局为生态环境部正局级派出机构，设在武汉，实行生态环境部和水利部双重领导、以生态环境部为主的管理体制。

长江流域生态环境监督管理局在长江入海断面以上流域和澜沧江以西（含澜沧江）区域，依据法律、行政法规规定和生态环境部授权或委托，负责水资源、水生态、水环境方面的生态环境监管工作，主要承担组织编制流域生态环境规划、水功能区划，参与编制生态保护补偿方案，并监督实施；提出流域水功能区纳污能力和限制排污总量方案建议；建立有跨省影响的重大规划、标准、环评文件审批、排污许可证核发会商机制，并组织监督管理；参与流域涉水规划环评文件和重大建设项目环评文件审查，承担规划环评、重大建设项目环评事中、事后监管；指导流域内入河排污口设置，承办授权范围内入河排污口设置的审批和监督管理；指导协调流域饮用水水源地生态环境保护、水生态保护、地下水污染防治有关工作；组织开展河湖与岸线开发的生态环境监管、河湖生态流量水量监管，参与指导协调河（湖）长制实施，河湖水生态保护与修复；组织协调南水北调等重大工程水源地水质保障；组织开展流域生态环境监测、科学研究、信息化建设、信息发布等工作；组织拟订流域生态环境政策、法律、法规、标准、技术规范和突发生态环境事件应急预案等；承担流域生态环境执法、重要生态环境案件调查、重大水污染纠纷调处、重特大突发水污染事件应急处置的指导协调等工作；指导协调监督流域内生态环境保护工作，协助开展流域内中央生态环境保护督察工作；承担生态环境部交办的其他工作等职责。

（四）采取治理修复保护措施

为深入贯彻习近平总书记关于推动长江经济带发展系列重要讲话和指示批示精神，按照《中共中央　国务院关于深入打好污染防治攻坚战的意见》和《长江保护法》的有关要求，生态环境部、国家发展和改革委员会等 17 个部门和单位联合制定了《深入打好长江保护修复攻坚战行动方案》。该行动方案聚焦持续深化水环境综合治理、深入推进水生态系统修复、着力提升水资源保障程度、加快形成绿色发展管控格局四大攻坚任务，提出了 28 项具体工作，主要包括巩固提升饮用水安全保障水平、深入推进城镇污水垃圾处理、深入实施工业污染治理、深入推进农业绿色发展和农村污染治理、强化船舶与港口污染防治、深入推进长江入河排污口整治、加强磷污染综合治理、推进锰污染综合治理、深入推进尾矿库污染治理、加强塑料污染治理、建立健全长江流域水生态考核机制、全面实施十年禁渔、巩固小水电清理整改成果，切实保障基本生态流量（水位）、严格国土空间用途管控、完善污染源管理体系、防范化解沿江环境风险、引导绿色低碳转型发展等。

为深入贯彻落实《长江保护法》，加快推进长江中下游河湖水系连通修复工作，2023 年 12 月 4—7 日，水利部科学技术委员会联合九三学社中央资源环境专门委员会，邀请曹文宣、王浩、夏军、唐洪武、周创兵等院士和专家组成专家组，通过现场勘查和会议咨询相结合的方式，开展长江中下游河湖水系连通修复专题咨询活动。专家组认为，实施长江河湖水系连通修复工作是落实长江大保护战略、贯彻实施长江保护法、复苏河湖生态环境的重要举措。要统筹水灾害、水资源、水生态、水环境系统治理，科学制定河湖水系连通修复目标。应加强河湖水利工程群多目标联合调度，在现有防洪、排涝、供水、灌溉等调度基础上纳入生态调度，进一步发挥水工程在水生态保护中的重要作用。

（五）保护长江，从我做起

1. 树立保护长江的意识

长江是中华民族的母亲河、生命河，孕育了华夏儿女。"你从雪山走来，春潮是你的风采；你向东海奔去，惊涛是你的气概，你用甘甜的乳汁，哺育各族儿女……"20世纪80年代，一曲《长江之歌》唱出了中华民族对长江的热爱与依恋。为了守护好中华文明的摇篮，我们应当树立好保护长江的大局意识、主体意识，充分了解长江保护的必要性，并落实到实际行动中，以保护长江为荣、以污染长江为耻。

2. 保护野生动植物，维护生物多样性

保护动植物和维护生物多样性是确保地球生态平衡和人类可持续发展的重要措施。首先，拒绝食用野生动物，不猎捕、杀害、驯养、运输野生动物，不加工、购买、食用野生动物及其制品。其次，不采集珍稀濒危野生植物，不乱砍伐树木，让良好的森林生态环境成为野生动植物的栖息庇护场所。自然界有千万种植物、动物和微生物，共同组成了多姿多彩的地球，人与自然和谐相处才能让世界更加美好。因此，让我们从自身做起，保护动植物，维护生物多样性，爱护长江母亲河。

3. 践行绿色低碳生活

国务院印发的《2030年前碳达峰行动方案》将"绿色低碳全民

行动"列为"碳达峰十大行动"之一。该行动方案提出，增强全民节约意识、环保意识、生态意识，倡导简约适度、绿色低碳、文明健康的生活方式，把绿色理念转化为全体人民的自觉行动。对于长江经济带居民来说，促进低碳减排，应崇尚绿色低碳生活，从生活点滴做起，节电、节油、节气、节水，节约一切能源和资源，减低碳排放。节约用水是践行绿色低碳生活的重要方面。

为了更好地保护我们的母亲河，用好我们母亲河的水资源，我们应从点滴做起，节水、爱水，珍惜水资源，增强全民节约用水意识，引领公民践行节约用水责任，为此我们要贯彻落实《公民节约用水行为规范》，具体内容如下。

1）了解水情状况，树立节水观念。懂得水是万物之母、生命之源，知道水是战略性经济资源、控制性生态要素，明白节水即开源增效、节水即减排降损；了解当地水情水价，关注家庭用水节水。提升节水文明素养，履行节水责任义务；强化节水观念意识，争当节水模范表率；以节约用水为荣，以浪费用水为耻。

2）掌握节水方法，养成节水习惯。按需取用饮用水，带走未尽瓶装水；洗漱间隙关闭水龙头，合理控制水量和时间；洗衣机清洗衣物宜集中，小件少量物品宜用手洗；清洗餐具前擦去油污，不用长流水解冻食材；正确使用大小水按钮，不把垃圾扔进坐便器；洗车宜用回收水，控制水量和频次；浇灌绿植要适量，多用喷灌和滴灌。适量使用洗涤用品，减少冲淋清洗水量；家中常备盛水桶，浴前冷水要收集；暖瓶剩水不放弃，其他剩水再利用；优先选用节水型产品，关注水效标识与等级；检查家庭供用水设施，更换已淘汰用水器具。

3）弘扬节水美德，参与节水实践。宣传节水洁水理念，传播节水经验知识；倡导节水惜水行为，营造节水护水风尚。志愿参与节水活动，制止用水不良现象；发现水管漏水，及时报修；发现水表损坏，及时报告；发现水龙头未关紧，及时关闭；发现浪费水行为，及时劝阻。

2024年3月20日，国务院公布《节约用水条例》，自2024年5月1日起施行。《节约用水条例》总结党的十八大以来节水工作的丰富实践，将行之有效的经验做法转化为制度规范，全面、系统规范和促进节水活动，为保障国家水安全、推进生态文明建设、推动高质量发展提供有力的法治保障。

4. 爱护长江环境，多多参加公益活动

1）向公众普及环境相关的政策法律法规，鼓励大家通过法律途径保护长江；提供法律咨询和援助，帮助打击非法排污和捕捞等破坏长江环境的行为。

2）组织环保教育活动，提高公众对爱护长江重要性的认识；利用社交媒体和公共广告等宣传保护长江的重要性。

3）鼓励社区居民、学校学生积极参与清理河流和河岸、收集垃圾和废弃物的志愿活动，打造一个更加洁净清澈的长江。

第二章　探寻长江之珍，守护生命多彩

　　生物多样性是地球上各种生命形式及其相互关系的总和，它不仅丰富了我们的自然景观，也为人类提供了必不可少的生态服务。在长江流域，生物多样性的保护尤为重要，这里是众多特有物种的栖息地，也是中国重要的生态宝库。面对人类活动的不断干扰，长江生物多样性正遭受严重威胁。为了保护这一宝贵资源，建立自然保护区成为关键之举。本章主要介绍生物多样性定义及其重要性、长江生物多样性保护、自然保护区、自然保护区促进保护长江生物多样性等内容。

一、生物多样性定义及其重要性

（一）生物多样性的定义

　　《生物多样性公约》将"生物多样性"定义为：所有生物的多样化程度，包括陆地、海洋和其他水生生态系统及其构成的生态复合体，包括种内、种间和生态系统多样性。《中国生物多样性保护战略与行动计划（2023—2030年）》中将"生物多样性"定义为：地球上所有的生物（植物、动物和微生物）及其所构成的综合体。

（二）生物多样性的内涵

依据《生物多样性公约》，生物多样性包括生态系统多样性、物种多样性和遗传多样性（也叫基因多样性）3个层次。

（1）生态系统多样性

生态系统多样性是指生物圈内生境、生物群落和生态系统的多样性及生态系统内生境差异、生态过程变化的多样性。生态系统多样性主要涉及较大单元的生态系统，如森林生态系统、草原生态系统、湖泊生态系统、湿地生态系统等。陆地生态系统主要有农田、森林、灌丛、草甸、沼泽、草原、荒漠、冻原、高山垫状植被、高山流石滩植被等。水生生态系统主要有河流、湖泊、水库、海洋等。

（2）物种多样性

物种多样性是生物多样性的核心。物种是生物分类的基本单位。物种多样性是指地球上动物、植物、微生物等生物种类的丰富程度。物种多样性包括两个方面，其一是指一定区域内的物种丰富程度，可称为区域物种多样性；其二是指生态学方面的物种分布的均匀程度，可称为生态多样性或群落物种多样性。物种多样性是衡量一定地区生物资源丰富程度的一个客观指标。

（3）遗传多样性

遗传多样性是生物多样性的重要组成部分。其中，遗传多样性可分为广义的遗传多样性和狭义的遗传多样性。

广义的遗传多样性是指地球上生物所携带的各种遗传信息的总和。这些遗传信息储存在生物个体的基因之中。因此，遗传多样性也就是生物的基因多样性。任何一个物种或一个生物个体都保存着大量的遗传基因，因此，可被看作一个基因库。一个物种包含的基因越丰富，它对环境的适应能力越强。基因的多样性是生命进化和物种分化的基础。

狭义的遗传多样性主要是指生物种内基因的变化，包括种内显著不同的种群之间以及同一种群内的遗传变异。此外，遗传多样性可以表现在多个层次上，如分子、细胞、个体等。在自然界中，对于绝大多数有性生殖的物种而言，种群内的个体之间往往没有完全一致的基因型，而种群就是由这些具有不同遗传结构的多个个体组成的。

（三）生物多样性的重要性

生物多样性是人类赖以生存和发展的基础，是地球生命共同体的血脉和根基，为人类提供了丰富多样的生产生活必需品、健康安全的生态环境和独特别致的景观文化。

生物多样性在诸多方面构成了我们赖以生存的生命之网——食物、水、药物、稳定的气候、经济增长等。全球一半以上的 GDP 依赖于大自然。超过 10 亿人依靠森林谋生。土地和海洋吸收了碳排放总量的一半以上。

然而，大自然正处于危机之中。多达 100 万个物种面临灭绝的威胁，许多物种在几十年内就会灭绝。一些不可替代的生态系统，如亚马孙雨林的部分地区，由于森林砍伐，正在从碳汇变成碳源。85%的湿地，如能够吸收大量碳的盐沼和红树林沼泽已经消失。

生物多样性为科学研究提供了宝贵资源，通过对生物种和基因的研究，我们可以了解它们的进化历史、生态功能和适应性特征，为人类解决各种问题提供重要的参考和启示。

（四）我国生物多样性受威胁因素

与全球生物多样性受威胁因素一致，中国生物多样性也受到自然生境丧失与破坏、自然资源过度利用、环境污染、外来物种入侵和气候变化等因素的不利影响，生态系统、物种和遗传多样性均呈现不同程度的退化或丧失。

（1）生态系统脆弱且面临退化

森林生态系统不够稳定，乔木纯林占比较高，乔木林质量整体仍处于中等水平。草原生态系统不同程度退化，总体仍较为脆弱。沙化和水土流失问题依然严峻，部分河道、湿地、湖泊生态功能降低或丧失，自然岸线缩减现象依然普遍。

（2）受威胁物种比例较高

《中国生物多样性红色名录》评估结果显示，高等植物受威胁物种（包括极度濒危、濒危和易危物种）4 088 种，占被评估物种总数的 10.39%；脊椎动物（除海洋鱼类外）受威胁物种 1 050 种，占被评估物种总数的 22.02%。

（3）遗传资源保护难度加大

随着工业化城镇化进程加快、气候变化及农业种养方式的转变，遗传资源地方品种消失风险加剧，种群数量和区域分布不断发生变化，野生近缘植物资源减少明显，保护难度加大。

（五）我国保护生物多样性的主要措施

生物多样性保护就是保护所有的物种和生态系统。我国保护生物多样性的措施主要如下：

（1）制定政策与法规

先后出台《关于加快推进生态文明建设的意见》《生态文明体制改革总体方案》《关于进一步加强生物多样性保护的意见》等 40 多项涉及生态文明建设的方案文件，将生物多样性保护作为生态文明建设的重要内容。"十四五"规划纲要对生物多样性保护重大工程进行了系统部署。颁布和修订《中华人民共和国环境保护法》《中华人民共和国野生动物保护法》《中华人民共和国海洋环境保护法》《中华人民共和国生物安全法》《长江保护法》等 30 余部相关法律法规，修订调整《国家重点保护野生动植物名录》，不断夯实生物多样性保护法治基础。

（2）就地保护

推进自然保护地保护范围及功能分区的科学划定，加快整合归并优化各类保护地，积极推动建立以国家公园为主体、自然保护区为基础、各类自然公园为补充的自然保护地体系，设立三江源、大熊猫、东北虎豹、海南热带雨林、武夷山等第一批国家公园，有效保护了 90% 的陆地生态系统类型、65% 的高等植物群落和 74% 的国家重点保护陆生野生动植物种类。截至 2021 年，自然保护地陆域面积约占陆域国土面积的 18%。建立国家级水产种质资源保护区 535 处，划定国家重点保护水生野生动物重要栖息地 33 处，严格执行休禁渔期制度，有效保护了水生生物资源及其生境。

（3）迁地保护

推动建设国家植物园体系，设立国家植物园及华南国家植物园。开展极小种群野生植物抢救性保护，112 种特有珍稀濒危野生植物实现野外回归。建立动物园（动物展区）240 多个、野生动物救护繁育基地 250 处，60 多种珍稀濒危野生动物人工繁殖成功。截至 2022 年年底，共保存农作物种质资源 53 万份。建成国家级和省级林木种质资源保存库（原地库、异地库）161 处、353 处，布局建设国家林草种质资源设施保存库 7 处，各级各类林草种质资源库累计保存种质资源 10 万余份。建立药用植物种质资源保存圃 31 个、水产原良种场 95 个，国家海洋渔业生物种质资源库收集保藏各类生物资源约 14 万份，生物遗传资源收集保存持续加快。

二、长江生物多样性保护

2021 年，农业农村部印发《长江生物多样性保护实施方案（2021—2025 年）》（以下简称《实施方案》）。这是我国首个针对长江水生生物多样性保护出台的专项实施方案，对长江水生生物资源恢复和水生生物多样性水平提升具有重要意义。

《实施方案》坚持生态优先、系统保护的基本原则，以加强长江珍稀濒危物种资源保护、修复重要水生生物关键栖息地、提高渔政执法监管能力、健全水生生物资源及栖息地监测体系、提升长江生物物种保护技术水平为重点任务，通过统筹加强长江水生生物多样性保护，为推进长江生态系统治理能力现代化、维护国家生态安全奠定坚实基础。

根据《实施方案》的总体目标，到 2025 年，中华鲟、长江江豚、长江鲟等珍稀濒危物种资源保护将取得阶段性成效，水生生物关键栖息地得到有效修复和保护，资源及栖息地监测监管能力明显提升，物种保护科技支撑能力明显增强，水生生物资源量有所增加，水生生物完整性水平稳步提高。

（一）长江流域水生生物多样性现状

长江属于太平洋水系，是中国第一大河，长江干流自西而东横贯中国中部，数百条支流辐辏南北。全长 6 363 千米。

长江流域有淡水鲸类 2 种，鱼类 424 种，浮游植物 1 200 余种（属），浮游动物 753 种（属），底栖动物 1 008 种（属），水生高等植物 1 000 余种。流域内分布有白鱀豚、中华鲟、达氏鲟、白鲟、长江江豚等国家重点保护野生动物，圆口铜鱼、岩原鲤、长薄鳅等特有物种，以及"四大家鱼"等重要经济鱼类。目前，长江流域已建立水生生物、内陆湿地自然保护区 119 处，其中国家级自然保护区 19 处，国家级水产种质资源保护区 217 处。

（二）长江流域珍稀、濒危水生野生动植物

1. 长江珍稀水生动物介绍

（1）"长江河神"——江豚

长江江豚为国家一级保护野生动物，属于长江特有淡水鲸豚类动物，是评估长江生态系统状况的重要指示物种。

江豚是鲸目鼠海豚科，属于哺乳动物，俗名江猪、河猪、海猪、海和尚，共有 3 个物种，分别为长江江豚、东亚江豚和印度洋江豚。江豚体形较小；头部钝圆，额部隆起稍向前凸起；上下颌几乎一样长，吻较短阔；牙齿短小，左右侧扁呈铲形；眼睛较小，很不明显；身体的中部最粗，横剖面近似圆形；背脊上没有背鳍，鳍肢较大；尾鳍较大，呈水平状；尾鳍有较为明显的隆起，在应该有背鳍的地方生有宽 3～4 厘米的皮肤隆起，并且具有很多角质鳞。

江豚被称为"水中大熊猫"。由于生态环境污染、渔船误捕、过度捕捞加剧了渔业资源的下降，使江豚的食物减少；沿江修建闸坝，阻断了江河洄游鱼类游向产卵场的通道，对江豚的生存、繁殖构成了威胁。江豚被列入《世界自然保护联盟濒危物种红色名录》（简称《IUCN 红色名录》）极危（CR）物种，被列入《濒危野生动植物种国际贸易公约》（简称 CITES）一级保护动物，被列入中国《国家重点保护野生动物名录》一级。截至 2022 年，长江流域已建立保护长江江豚相关的自然保护区 13 处，覆盖了 40%长江江豚的分布水域，保护近 80%的种群，在南京、武汉等长江干流江段，"微笑

天使"长江江豚出现频率显著增加，部分水域单个聚集群体达到60多头，长江江豚种群数量也历史性止跌回升，达到1 249头，相比2017年的1 012头，5年数量增加23.4%，年均增长率为4.7%，保护成效初显。

（2）"长江鱼王"——中华鲟

中华鲟为我国国家一级保护野生动物，《IUCN红色名录》濒危物种，CITES附录Ⅱ保护物种。

中华鲟是硬骨鱼纲、鲟科的鱼类。常见个体体长0.4～1.3米，体重50～300千克；最大个体体长5米，体重可达600千克，是中国长江中最大的鱼，故有"长江鱼王"之称。体呈纺锤形，头尖吻长，口前有4条吻须，口位在腹面，有伸缩性，并能伸成筒状，体被覆五行大而硬的骨鳞，背面一行，体侧和腹侧各两行。尾鳍为歪尾型，偶鳍具宽阔基部，背鳍与臀鳍相对。腹鳍位于背鳍前方，鳍及尾鳍的基部具棘状鳞，肠内具螺旋瓣，肛门和泄殖孔位于腹鳍基部附近，输卵管的开口与卵巢远离。

中华鲟是底栖鱼类，食性非常狭窄，属肉食性鱼类，主要以一些小型的或行动迟缓的底栖动物为食，在海洋主要以鱼类为食，甲壳类次之，软体动物较少。中华鲟幼鱼主食底栖鱼类蛇鲻属和蛹属及鳞虾和蚬类等，产卵期一般停食。

夏、秋两季，生活在长江口外浅海域的中华鲟洄游到长江，历经3 000多千米的溯流搏击，才回到金沙江一带产卵繁殖。产后待幼鱼长大到15厘米左右，又携带它们旅居外海。它们就这样世世代代在江河上游出生，在大海里生长。

（3）"长江的一抹红"——胭脂鱼

胭脂鱼是国家二级保护野生动物，且列入CITES附录Ⅰ，被《IUCN红色名录》列为易危物种。

胭脂鱼是鲤形目亚口鱼科胭脂鱼属广温性淡水鱼，又称黄排、火烧鳊、红鱼、燕雀鱼和紫鳊鱼等。头短，吻钝圆；口小，下位，马蹄形；无须；侧线完全，鳞中等大，近似圆形；背鳍无硬刺，基部其长，末端接近尾鳍，以第三根至第十根分支鳍条为最长，往后则较短，尾鳍叉形。

胭脂鱼是胭脂鱼科在中国的唯一代表，也是中国特有属种，仅分布于长江干流及通江湖泊和中上游的主要支流，以及福建闽江水系中。常栖息于江河中下层水体；幼鱼行动缓慢，成鱼行动矫健；喜流水，有溯河洄游习性。主要以底栖无脊椎动物为食，食物组成常随栖息场所不同而有极大差异，全年摄食，尤以繁殖过后摄食频率高。产卵季节为每年的3—4月，产卵活动多在清晨发生。成熟卵呈黄色，受精卵吸水后具微黏性，沉于江底砾石或礁板石的缝隙内发育孵化。

胭脂鱼无论在幼年还是成年都是十分美丽的，其肉质有丰富的营养价值，但这些因素却给胭脂鱼带来了捕捞之祸，大量水利设施建设也使它们的繁殖受到影响，导致数量骤减。胭脂鱼被列为国家二级保护野生动物，是我国8个易危鱼种之一。目前胭脂鱼的恢复还是主要依靠人工养殖，一些科学研究表明科学保护胭脂鱼已经取得了显著成果。希望在"长江十年禁渔"期内，能用科学技术使胭脂鱼数量增加，恢复往昔辉煌。

2. 长江珍稀水生植物介绍

（1）光叶蕨

光叶蕨属于国家一级保护野生植物，主要分布在长江流域的四川西部天全二郎山鸳鸯岩至团牛坪，"华西雨屋"的中心地带，是我国特有的单种属植物。多年生草本，高40厘米左右，根状茎粗短，横卧，仅先端及叶柄基部略被深棕色披针形小鳞片。叶密生，叶柄短，长5～7厘米，基部褐棕色，向上为禾秆色，光滑，上面有一条纵沟直达叶轴；叶片长30～35厘米，宽5～8厘米，披针形，向两端渐变狭，二回羽裂；羽片30对左右，近对生，平展，无柄，下部多对向下逐渐缩短，基部一对最小，长6～12毫米，三角状卵形，钝头；中部羽片长2.5～4厘米，宽8～10毫米，披针形，渐头，基部不对称，上侧较下侧为宽，截形，与叶轴并行，下侧楔形，羽状深裂达羽轴两侧的狭翅；裂片10对左右，长圆形，钝头，顶缘有疏圆齿，或两侧略反卷而为全缘；叶脉在裂片上羽状，3～5对，上先出，斜向上；叶坚纸质，干时褐绿色，光滑。孢子囊群圆形，每裂片一枚，生于基部上侧小脉背部，靠近羽轴两侧各排列成一行；囊群盖卵圆形，薄膜质，灰绿色，老时脱落，被压于孢子囊群下面，似无盖。孢子圆肾形，深褐色，不透明，表面具较密的棘状突起。

（2）水菜花

水菜花是国家二级保护野生植物，被称为"植物界的大熊猫"，是水鳖科海菜花属（*Ottelia*）多年生沉水植物，具沉水叶和浮水叶两种异形叶，1999年被录入《国家重点保护野生植物名录（第一批）》二级保护物种，2004年被录入《中国物种红色名录》。水菜花在种子幼苗长成成熟植株的第一年生长披针形沉水叶，第二年开始长出卵形浮水叶片并开始开花，此后只更新浮水叶片，待沉水叶片全部衰败以后以浮水叶根生的方式生活。

（3）桧叶白发藓

桧叶白发藓是国家二级保护野生植物，常见于长江流域以南，生长在山地的针叶树根部、腐殖土上、岩石上。属于白发藓科，叶片饱满，质地细腻，群落美观，是目前使用最广泛的苔藓。

干燥时颜色发白，因故得名。一旦接触水，又会变回嫩绿色。

直立型苔藓，茎高 2～3 厘米，叶片长 3～4 毫米，叶子不那么有光泽，即使干燥也不会收缩太多。假根不发达，茎叶容易脱落。典型的酸性土植物，pH＞6.5 会导致其生长异常和死亡。我国北方的碱性土壤不适宜白发藓生长。白发藓属于阴生植物，应尽量避免阳光直射，建议养护在光线散射的地方。适当遮阴，植株的叶绿素含量更高，观赏效果更佳。白发藓常见于我国南方，春夏之交（以浙江地区的 4 月为例），平均温度升至 20℃左右，室外枯黄的白发藓开始进入生长旺季。人类生活的室内温度非常适合白发藓的生长。

（三）长江生物多样性面临的主要威胁

（1）过度捕捞

酷捕滥捞是淡水鱼资源大幅衰减的主要"凶手"之一，不仅削减渔业资源的"存量"，还严重破坏"增量"。中国科学院水生生物研究所考察发现，长江中下游包括两湖流域，渔民过去使用电捕、"迷魂阵"、人工围堤、密眼网具等违法捕捞行为广泛存在。之前，渔民的渔获物呈现数量少、质量低、幼龄化的趋势。例如，在与长江相通的洞庭湖，"迷魂阵"捕捞的渔获物中 91%都是 50 克以下的幼鱼，重量超过 100 克的鱼仅占捕捞总量的 2%。对于渔民来说，这些幼鱼太小，只能低价出售作为饲料的原料。曾经这种竭泽而渔的方式对长江渔业资源的破坏是毁灭性的。

（2）水域污染与船舶机械

据不完全统计，长江沿岸工矿企业和城市排放的工业废水和生活污水达 142 亿吨，占全国的 42%以上，沿江 21 个城市形成长 560 千米的岸边污染带。内河船舶的 60%分布于长江流域中下游地区，在发挥"低成本、大运量"优势的同时，也严重挤占了水生生物的生存空间，螺旋桨等经常误伤江豚等水生野生动物。其中大部分使用船用燃料油，尾气成为流域的重要污染源之一。船舶倾倒生活污水和突发性水污染事件时有发生。受污染影响，长江水域渔业和生态功能明显退化，水生生物繁殖力和存活力降低，水域生产力急剧下降。

（3）工程建设

近年来，拦河筑坝、围湖造田等工程建设不断增多，水生生物洄游通道被切断，栖息地及生态环境遭到严重破坏。长江流域已建、在建、规划建设的大型水电设施达 500 多个，中小型水电设施星罗棋布，致使白鳍豚、白鲟、鲥鱼等一些长江重要珍稀水生野生动物濒临绝迹。三峡水库蓄水后，长江"四大家鱼"鱼苗发生量急剧下降。长江流域已有 50 多个 66.7 千米^{2}以上的湖泊被人为地与长江阻断，致使渔业捕捞产量仅为建闸前的 25%，江湖洄游鱼类由 50% 降至 10%。与 20 世纪 50 年代相比，洞庭湖面积减少了 1 000 多千米^2，缩减了近 1/3。"千湖之省"湖北省的湖泊数量减少了 500 多个，水面面积缩减 65% 以上。

（四）长江十年禁渔恢复状况

（1）水生生物资源状况

长江流域水生生物资源量呈恢复态势，水生生物多样性水平有所提升。同监测点位相比，2022 年长江流域重点水域监测到土著鱼类 193 种，比 2020 年（168 种）增加 25 种，单位捕捞量为 0.3～4.9 千克，香农-威纳多样性指数为 2.8～3.3。长江干流的单位捕捞量比 2021 年上升 20.0%，香农-威纳多样性指数比 2021 年上升 2.5%。"四大家鱼"、刀鲚等资源恢复明显，刀鲚能够溯河洄游至历史最远水域洞庭湖，鳡在长江中下游干支流和通江湖泊多个水域出现。长江流域重点水域水生生物种类总体较为丰富，多样性水平有所提升，长江干流水生生物资源得到初步恢复，各水域优势种组成仍在变动中。

（2）重点保护物种状况

部分重点保护物种数量有所上升，但总体保护形势依然严峻。2022年长江江豚自然种群数量约1 249头，与2017年相比，数量增加23.4%，年均增长率4.7%；中华鲟自然繁殖群体估算数量为13尾，未监测到自然繁殖；长江鲟监测到438尾，均为人工放流个体；监测到国家二级保护野生动物8种1 745尾，主要分布于长江上游干支流。总体上，长江江豚等部分重点保护物种数量有所上升，但中华鲟、长江鲟等保护形势依然严峻。

（3）外来物种状况

外来物种种类有所增加，存在一定入侵风险。长江流域重点水域共监测到外来鱼类23种，与2021年相比，新监测到拉氏大吻、短盖巨脂鲤、云斑、伽利略罗非鱼、绿太阳鱼和虹鳟等。其中，杂交鲟分布范围最广，覆盖了除沱江和乌江外的长江流域重点水域。外来物种种类和个体数有所增加，需要警惕。

（4）栖息生境状况

长江流域水生生物栖息生境状况总体稳定。2022年，长江干支流水质评价总体为优，Ⅰ～Ⅲ类水质断面占98.1%，比2021年上升1.0个百分点。长江大通水文控制站年径流量为7 712亿米^3，比2021年下降20.0%。长江干流、通江湖泊采砂总量约11 809万吨，比2021年下降15.3%。长江干流在建航道整治工程涉河长度637.5千米，比2021年下降9.8%。

（5）水生生物完整性指数状况

长江流域水生生物完整性指数总体处于低位。长江干流、洞庭湖和鄱阳湖完整性指数评价等级为"较差"，赤水河为"良"，均与2021年持平。沱江、嘉陵江、乌江和汉江为"较差"，大渡河和岷江为"差"。

（6）水文状况

2022 年，长江干流大通水文控制站年径流量为 7 712 亿米^3，比 2021 年减少 20.0%，比 1950—2020 年均值偏少 14%，近年来，年径流量总体稳定。长江干流主要水文控制站 2022 年径流特征值与多年平均值相比，年径流量向家坝、朱沱、攀枝花、寸滩、宜昌、沙市、汉口、大通站偏小 4%～17%，直门达、石鼓站分别偏大 16%、3%。长江干流（宜宾至上海）河道采砂约 1 451 万吨，其中，上游干流（宜昌以上）河道采砂总量约 499 万吨；中下游干流（宜昌以下）河道采砂总量约 952 万吨。近年来，长江干流河道采砂总量基本稳定。长江干线在建航道整治工程有 5 项，涉及河段长度 637.5 千米。工程泥沙总疏浚量约 188 万米^3、清礁量约 41 万米^3。建设生态护岸 510 米、生态格梗 4 道共 797 米、增设人工鱼礁区 1 处。

（五）长江珍稀濒危物种针对性保护措施

长江流域是世界上水生生物多样性最丰富的区域之一，分布了 400 多种鱼类。长江十年禁渔实施以来，水生生物资源恢复向好，2022 年标志性物种长江江豚的种群数量达到 1 249 头，实现历史性止跌回升。但同时我们也清醒地看到，当前长江拦河筑坝、航道整治、挖砂采石等人类活动仍然较多，珍稀濒危物种生存环境尚未根本好转。下一步，我国将采取以下 3 个方面针对性措施，加强长江珍稀濒危物种保护。

（1）强化人工保种科研攻关

目前，我国已经建设了一批中华鲟、长江鲟的人工保种场，有了一定规模的亲本库，突破了规模化的人工繁育技术难题。下一步，我国将持续加强科研攻关、提升保种场人工繁育能力，争取尽快突破自然繁殖、生境修复等关键技术。

（2）加大增殖放流力度

珍稀濒危物种只靠自然繁殖恢复比较难，必须通过增殖放流来补充野外群体。2024 年起，农业农村部计划每年安排 5 000 万元专项资金，争取能够放流 100 万尾，力争未来 3～5 年能够逐步增加到 500 万尾。

（3）强化重点水生生物的栖息地保护

要保护好产卵场、索饵场、越冬场和洄游通道。农业农村部将选择适宜的水域修复重建产卵场，并会同有关部门研究在拦河筑坝处修建过鱼设施，落实重要栖息地船舶限速、限航等措施，最大限度地降低人为影响。

三、自然保护区

在保护生物多样性的多种措施中，自然保护区在生物多样性保护中起着重要作用，有针对性地设立自然保护区也是保护生物多样性的最有效措施之一。

（一）自然保护区定义

自然保护区是指保护典型的自然生态系统、珍稀濒危野生动植物种的天然集中分布区、有特殊意义的自然遗迹的区域，具有较大面积，确保主要保护对象安全，维持和恢复珍稀濒危野生动植物种群数量及赖以生存的栖息环境。

（二）自然保护区分类

根据自然保护区的主要保护对象，可将自然保护区分为 3 个类别 9 个类型（表 2-1）。

表2-1 自然保护区类别与类型

类别	类型
自然生态系统类	森林生态系统类型 草原与草甸生态系统类型 荒漠生态系统类型 内陆湿地和水域生态系统类型 海洋和海岸生态系统类型
野生生物类	野生动物类型 野生植物类型
自然遗迹类	地质遗迹类型 古生物遗迹类型

自然保护区分为国家级、省（区、市）级、市（自治州）级和县（自治县、旗、县级市）级四级。

中华人民共和国成立以来，我国共建有2 750个自然保护区，其中国家级463个、省级855个、市级416个、县级1 016个。除港、澳、台外，31个省级行政区中自然保护区数量最多的是广东（384个），其次是黑龙江（250个）和江西（200个）。黑龙江是拥有国家级自然保护区最多的省份（46个），其次是四川（31个）和内蒙古（29个）。

1. 自然生态系统类的自然保护区

自然生态系统类的自然保护区是指以具有一定代表性、典型性、完整性的生物群落和非生物环境共同组成的生态系统为主要保护对象的一类自然保护区。

（1）云南西双版纳国家级自然保护区

云南西双版纳国家级自然保护区位于中国云南南部的西双版纳

傣族自治州境内，由地域上互不相连的勐养、勐仑、勐腊、尚勇、曼稿 5 个子保护区组成。由西向东分别坐落在勐海、景洪、勐腊 2 县 1 市，总面积 24.25 万公顷，占全州国土面积的 12.68%，是以保护热带森林生态系统和珍稀野生动植物为主要目的一个大型综合性自然保护区，是中国热带森林生态系统保存比较完整、生物资源极为丰富、面积最大的热带原始林区。野生珍稀动植物荟萃，珍稀、濒危物种多，还是我国亚洲象种群数量最多和较为集中的地区。

（2）卧龙国家级自然保护区

本区植物资源十分丰富。保护区上万亩珙桐林在全国少见。除木材类外，药用植物约有 870 种，约占四川省总数的 25%，油脂植物 80 种，淀粉及糖类植物 42 种，纤维类植物 60 种，单宁类植物 42 种，芳香类植物 28 种。此外，保护区有供大熊猫可食的竹类 8 种，面积近 6 000 公顷，为大熊猫生存繁衍提供了优越条件。据现有资料统计，野生动物本区有高等动物约 450 种，其中兽类 96 种，约占生存总数的 52%；鸟类 283 种，约占生存总数的 52%，是南北鸟类的过渡地带，可与东南亚一些鸟类资源丰富的热带雨林相比；两栖类 15 种；爬行类 20 种；鱼类 6 种；昆虫约 1 700 种。野生动物不仅资源丰富，而且区系组成复杂，既有分布在低海拔和中等海拔的东洋界种类，如猕猴、云豹、水鹿、灵猫、果子狸、红腹锦鸡等喜温湿的南方动物，也有分布在亚高山针叶林中，尤其在森林线以上的古北界种类，如白唇鹿、岩羊、马麝、兔猻、雪豹等耐寒的高原和北方动物。其中，被列为国家保护动物的有 56 种。

2. 野生生物类自然保护区

野生生物类自然保护区是以野生生物物种、珍稀濒危物种种群及其自然生境为主要保护对象的一类自然保护区。

（1）黑龙江扎龙国家级自然保护区和吉林向海国家级自然保护区

黑龙江扎龙国家级自然保护区是以芦苇沼泽为主的内陆湿地和水域生态系统类型的自然保护区，栖息着以鹤为主的众多珍稀水禽，独特的地理位置和典型的湿地生态系统使其成为东北地区重要的鸟类繁殖地和栖息地，在世界鹤类保护及湿地保护事业中占有重要地位。保护区内丹顶鹤、白枕鹤等珍贵、稀有野生动物资源丰富，原生性东北亚内陆湿地生态系统特征显著，在我国自然保护区网络中具有典型意义。这里不仅是丹顶鹤、白枕鹤等野生动物的"乐园""庇护所"，更是嫩江、松花江平原的"肾脏""调节器"，对保障松嫩平原的生态环境和对当地社会经济可持续发展起着重要的作用，有决定性的影响。

吉林向海国家级自然保护区 1981 年经吉林省人民政府批准建立，是以保护丹顶鹤等珍稀水禽和蒙古黄榆等稀有植物群落为主要目的的内陆湿地与水域生态系统类型的自然保护区。

（2）四川铁布梅花鹿省级自然保护区

四川铁布梅花鹿省级自然保护区于1965年经四川省人民政府批准建立，保护区位于阿坝藏族羌族自治州若尔盖县东北部冻列、崇尔、热尔三乡境内，总面积 27 408 公顷。该保护区是以保护四川梅花鹿等珍稀野生动物及其栖息环境为主的森林和野生动物类型自然保护区。

（3）福建万木林自然保护区

福建万木林自然保护区以中亚热带常绿阔叶林生态系统、珍贵树种和由人工杉木林自然演替为常绿阔叶林的遗迹等为主要保护对象。区域内维管束植物有 168 科 618 属 1 331 种，其中乔木树种 253 种，有国家重点保护野生植物 25 种，省重点保护 6 种；国家重点保护野生动物有 28 种，省重点保护 24 种，有胸径达 80 厘米的古树名木 569 株。万木林自然保护区实验区划定 10 公顷作为科教游览小区；建立了 800 米^2 的万木林博物馆，藏展 2 万余份生物标本。

3. 自然遗迹类保护区

自然遗迹类保护区是指以特殊意义的地质遗迹和古生物遗迹等作为主要保护对象的一类自然保护区。我国的自然遗迹类保护区主要是以保护火山遗迹和自然景观为主，主要代表为黑龙江五大连池国家级自然保护区，其主要保护对象为火山遗迹。五大连池火山群是由远古、中期和近代火山喷发形成的，火山地质地貌保存完好，是世界上少见的类型齐全的火山地质地貌景观，具有科学性、系统性、完整性、典型性和美学性，是世界著名的火山。

四、自然保护区促进保护长江生物多样性

自然保护区在维持和恢复珍稀濒危物种的生存力、保护自然生态系统与生物多样性等方面发挥着重要作用。随着公众生态环境素养的提升，在倡导绿色可持续发展的大背景下，长江流域自然保护区受到了越来越多人的关注。通过对长江流域自然保护区的建设、维护与管理，能够有效促进长江生物多样性的保护。

（一）长江流域自然保护区的积极成效

自然保护区为生活在长江流域中的物种或亚种提供了相对免受人类经济活动干扰的生存空间，这对流域中珍稀物种（如江豚、长吻鮠、铜鱼等）尤为重要。

以保护长江江豚为例，我国已在湖北长江天鹅洲白鱀豚国家级

自然保护区、长江新螺段白鱀豚国家级自然保护区、湖北何王庙湖南集成垸长江江豚省级自然保护区、安徽铜陵淡水豚国家级自然保护区、安庆西江长江江豚迁地保护基地建立了 5 个迁地保护群体。2023 年 7 月 5 日，世界首例全人工环境繁育的长江江豚"淘淘"迎来 18 岁生日。经人工饲养繁殖，"淘淘"先后在武汉白鱀豚馆全人工环境下繁殖了二代长江江豚"汉宝"和"小久久"。长江流域已建立与长江江豚保护相关的自然保护区 13 处，覆盖了 40%的长江江豚分布水域，保护了近 80%的种群。此外，随着"长江江豚保护网络"的建立，科教宣传等活动的加强，公众保护长江生态环境的意识也大幅提高。近年来，人们时常在长江干支流水域见到"微笑天使"江豚逐浪跳跃、喷水嬉戏的景象，这也是长江江豚保护取得阶段性成果的有力证明。

（二）持续推进长江流域自然保护区的发展

长江流域自然保护区内的动植物种类为人类开发和利用野生物种的遗传资源提供了天然的基因库，这对于维护生物多样性、保护珍稀物种的遗传多样性具有重要意义。长江流域自然保护区的发展关系到区域生态安全，对维护长江流域的生态系统多样性、物种多样性、基因多样性具有积极作用。我们要持续推进长江流域自然保护区的发展，提升长江流域自然保护区的国际影响力，为全球生物多样性保护做出贡献。

第三章　拒绝"白色污染"，共创绿色家园

废弃塑料对环境的危害日益严重，大家迫切希望了解废弃塑料的相关知识以及对环境有哪些具体的影响。

一、"白色污染"概述

（一）"白色污染"定义

"白色污染"是废弃塑料及塑料制品对环境造成的污染的一种统称。废弃塑料在大自然中存在上百年都难以降解，带来的污染包括：焚烧产生多种有毒气体污染空气毒害人类，入土掩埋会严重妨碍植物根系的生长，改变土壤原有的性质而影响作物的收成，污染地表及地下水源等。

（二）"白色"污染物来源

废弃塑料根据其来源不同，可分为工业源、农业源、医用源和生活源四大类。工业源废弃塑料主要指塑料成型加工过程中产生的废弃料及废弃工业塑料制品，大多来源明确，相对集中，原料品质较好，回收利用价值高；农业源废弃塑料主要包括废弃农用地膜、棚膜、农用管道、农药包装等，其中农膜废弃量最大，使用废弃后处理困难，残留在田间，不易降解，污染农田，危害生态环境；医

用源废弃塑料主要来源于医疗卫生及防疫过程中使用的一次性塑料制品，如防护服、医用外科口罩、防护目镜等，是具有直接或者间接感染性、毒性以及其他危害性的危险废物；生活源废弃塑料为日常生活活动产生的废弃塑料制品，品种多、分散广、难收集，如塑料瓶、塑料包装袋、纸塑复合材料及其他失去使用价值的塑料制品等。

（三）"白色污染"现状

2017 年发表在《科学进展》杂志上的一项研究表明，20 世纪 50 年代初以来，人类已经生产了 83 亿吨塑料，这一产量超过了除水泥、钢铁外的任何一种人造材料；而在人类生产的 83 亿吨塑料中，已有 63 亿吨塑料彻底成为废弃物；在这些废弃的塑料制品中，只有 9% 被回收，另有 12% 被焚烧处理，剩余 79% 的废弃塑料则深埋在垃圾填埋场或在自然环境中累积，而塑料的生产步伐并没有放缓的迹象。预计到 2050 年，全球塑料累计产量将增长到 340 亿吨，年塑料废弃物产生量约为 3 亿吨。塑料污染问题已成为仅次于气候变化的全球第二大环境焦点问题，给全球可持续发展带来极大挑战。

据国家统计局数据，2023 年，全国塑料制品行业汇总统计企业完成产量 7 488.5 万吨，规模以上企业营业收入规模突破 25 万亿元，塑料制品出口 1 008.1 亿美元，我国继续成为塑料制品生产、消费第一大国，且随着行业企业在国际市场竞争力的不断提升，出口金额依旧处于高位。近年来，我国塑料制品行业整体产能产量进一步增长，同时伴随每年会产生高达 6 000 多万吨的废塑料。作为塑料生产和使用大国，机遇与挑战并存，面临巨大的"白色污染"压力。

二、"白色污染"的危害

废弃塑料对环境的危害主要表现在两个方面,即视觉污染和潜在危害。视觉污染是指散落在环境中的塑料废物对市容和景观的破坏。潜在危害是指塑料废物进入自然环境后难以降解而带来的长期的潜在环境问题。

(一)视觉污染

我们将塑料垃圾称为"白色污染"的直接原因,就是其在视觉上给人带来不良刺激,让人觉得厌烦。我国在发展初期,居民环保意识普遍较差,环境卫生管理措施不到位,许多公共场所都存在严重的"白色污染",如铁路沿线、江河湖泊岸边、旅游景区、城郊接合部等场所,废塑料袋、饮料瓶、快餐盒等污染物随处可见,这些塑料垃圾堆积物严重降低了环境的美观程度,给人们带来视觉上的不良刺激,并使人们在心理上产生不适应、不喜欢等负面情绪,从而影响人们的正常工作和生活。

(二)潜在危害

塑料污染是 21 世纪最紧迫的环境问题之一。人类造成的污染导致了全球塑料形成类似碳循环一样的自然循环过程,塑料在大气、海洋和陆地中移动,结果就是地球的"塑料化"。

(1)污染水体环境

"白色污染"会威胁水生生物生存,鱼类、海龟、鸟类等动物会因误食塑料碎片或被"幽灵渔具"缠绕而死亡;此外,还会破坏水质,影响渔业、航运业、滨海旅游业等产业的发展。"白色污染"

对海洋环境的破坏极大，2021 年，联合国环境规划署发布了《从污染到解决方案：海洋垃圾和塑料污染全球评估》报告。报告显示，海洋垃圾中 85% 是塑料。到 2040 年，流入海洋区域的塑料垃圾量将增加近 2 倍，每年海洋中将新增 2 300 万~3 700 万吨塑料垃圾，相当于全世界每一米海岸线将有 50 千克的塑料垃圾。所有海洋生物，从浮游生物、贝类到鸟类、海龟和哺乳动物等都面临中毒、行为障碍、饥饿和窒息的严重风险。

（2）污染大气环境

微塑料进入大气，污染大气环境。微塑料是指直径小于 5 毫米的塑料颗粒，包括更小尺寸的微米级和纳米级。微塑料来源于生产和生活，如汽车轮胎与路面摩擦、化妆品成分以及塑料垃圾在陆地和海洋漂流中碰撞、分解等，都会产生大量微塑料污染环境。塑料的基本组成成分是石油，它在燃烧时会产生刺鼻且有毒的气体，露天焚烧塑料垃圾是空气污染的一大主要来源。根据《塑料垃圾产生的有毒污染物——回顾》报告，全球 40% 的垃圾是通过焚烧方式处理的。塑料在燃烧过程中会释放有毒气体，如二噁英、呋喃、汞和多氯联苯，其中，二噁英是迄今发现的毒性最大的一类物质，对人和动物的肝及脑有严重损害。燃烧塑料垃圾会增加人们罹患心脏病的风险，加重呼吸系统疾病，引起皮疹、恶心或头痛等症状，并损害神经系统。燃烧塑料的过程中还会释放黑炭（烟灰），这会导致气候变化和空气污染。

（3）影响土壤环境

通常塑料碎片并不会被掩埋到土壤深处，而恰好处于植物生长层，土壤中长期含有塑料，会破坏土壤理化环境，限制植物对阳光的运用，阻挡土壤中水分流动，使其不能正常吸收矿物质离子和水分，营养物质流通受限，最终导致植物根系生长发育障碍。如农村常用的不可降解塑料地膜和塑料编织袋,主要由发泡聚苯乙烯(PS)、聚乙烯(PE)或聚丙烯(PP)制成,难以降解,存留时间长,会影响植物发芽、出苗和农产品品质,若牲畜吃了塑料膜还会引起牲畜的消化道疾病,甚至死亡。

(4)危害人体健康

随着塑料制品的广泛应用,微塑料也不可避免地进入了人体。研究表明,微塑料可能损害心血管,会渗透到人体的组织和器官,给健康和生命带来危害。尤其是微米级和纳米级的塑料能长期存在于细胞中而不被清除,并在组织和细胞中具有高吸收率,可能会促进癌细胞的转移,从而导致癌症患者病情恶化。此外,废弃的塑料制品可能会混杂其他污染物,成为细菌和病原体的温床;尤其在适宜的温度下,可能会滋生蚊蝇,吸引有害生物,威胁人类健康。

三、废弃塑料的处理与循环利用

(一)废弃塑料处理现状

我国废弃塑料流向主要有回收利用、焚烧、填埋和在环境中累积 4 个方面。30%的废弃塑料被回收利用,14%被焚烧发电回收热能,36%被填埋或任意丢弃,剩下的 20%则大量积累在自然环境中,造成严重的环境污染。其中,用简单粗暴的填埋、堆积方式对待废塑料最为常见,但这种方式一方面,需要占用大量的土地资源兴建填埋场地;另一方面,由于目前的塑料制品在生产加工过程中常添加有大量的增塑剂、增强剂等添加物,在填埋过程中这些添加物会在时间、光照和温度等多重复杂外场的作用下从塑料制品中析出,进一步污染土地等资源。焚烧废旧塑料会产生各种有毒有害气体,会对环境造成二次破坏。这两种处理方式都不够绿色环保，因此对废弃塑料进行回收再生具有更加深远的意义。

（二）废弃塑料机械回收法

废弃塑料的机械回收是指采用物理的方法对废弃塑料进行再加工、成型，使之成为新的产品进入市场。根据加工工艺的不同，可将机械回收方法分为简单再生和改性再生。

（1）简单再生

简单再生是指不经改性，将废旧塑料经过分离、清洗、破碎、熔融、造粒后，直接用于成型加工的回收方法。简单再生技术工艺简单、成本低、投资少，所加工的塑料制品应用广泛。但是简单再生法不适合制作高档次的塑料制品，其应用面受到一定的限制。

（2）改性再生

改性再生是指将废旧塑料通过各种技术进行改性后再成型加工，也可改性后作为生产原料。但该技术工艺略复杂，需要专用的机械设备，投资较大，生产成本较高。

（三）废弃塑料化学回收法

化学回收法是在催化剂（化学催化剂或生物酶催化剂）作用下通过断链反应以及其他氧化降解过程将废旧塑料聚合物转化为小分子的方法。目前，我国原油对外依存度高，化工原料短缺，因此，一些废塑料可能更适合化学回收，废塑料化学回收也成为近年来备受关注的新兴技术。化学回收法具有以下优势：①能回收利用物理回收无法处理的被高度污染的塑料垃圾。②在处理过程中可以去除不需要的杂质。③可以制造出原始级再生材料。④能将塑料废弃物转化为化工制造所需的原料。

（1）化学分解法

化学分解法是指通过分解回收原料单体进行再利用，或是化学升级再造，即利用化学改性、可控降解、反应加工等方法，对废旧塑料进行处理，有选择性地将其转化为相关化学品、燃料或更高价值的新材料。

（2）热裂解法

热裂解法是指在无氧或缺氧的环境中，通过高温加热使聚合物的大分子结构断裂，形成较小的分子，生成单体或低分子化合物，可以是气体、液体和固体残留。不同于机械回收，热裂解法可以处理高度污染以及高度不均匀的塑料混合物，从而增加原料的灵活性，这是热裂解法的主要优势。热裂解一般在 600～900℃的条件下进行，利用废旧塑料热裂解温度特性的差异，采用分段裂解分离回收。如可在低温阶段对聚苯乙烯进行热裂解，回收经济价值较高的苯乙烯单体和轻质燃料油，高温阶段回收重质燃料油。但由于条件苛刻，设备投资较大，并存在结焦现象，这一技术的应用受到了限制。

（四）废弃塑料处理与利用新技术

新技术的研发也在助力废弃塑料处理与回收。例如，美国劳伦斯伯克利国家实验室（LBNL）研究人员开发了聚二酮烯胺（PDK）定制材料，解决了混合塑料回收难题；实验室成功制造了多种化学结构略有不同的 PDK 材料，每种材料均可高效"解聚"成单体，有助于提高回收率；通过这些材料层的控制，能有效分离和回收不同塑料成分，如聚丙烯、聚对苯二甲酸乙二醇酯薄膜以及其他常见材料混合物中的塑料。中国科学院大连化学物理研究所也在塑料催化转化回收利用领域取得了进展，该研究团队设计的催化体系适用于聚乙烯、聚丙烯及其塑料制品的升级回收，成果刊登于《国家科学评论》。

四、"白色污染"的防治措施

2007 年，国务院办公厅印发《关于限制生产销售使用塑料购物袋的通知》（简称"限塑令"），限制塑料制品的流通和消费。2020 年又发布了《关于进一步加强塑料污染治理的意见》，从行政和技术两个方面采取措施。2021 年，为进一步加强塑料污染全链条治理、推动"白色污染"治理取得更大成就，国家发展改革委制定了《"十四五"塑料污染治理行动方案》，可用于组织实施"白色污染"治理参考。"白色污染"的主要防治措施如下。

（一）积极推动塑料生产和使用源头减量

（1）积极推行塑料制品绿色设计

以一次性塑料制品为重点，制定绿色设计相关标准，优化产品结构设计，减少产品材料设计复杂度，增强塑料制品易回收利用性。加强限制商品过度包装标准宣贯实施，加强对商品过度包装的执法监管。

（2）持续推进一次性塑料制品使用减量

落实国家有关禁止、限制销售和使用部分塑料制品的规定。建立健全一次性塑料制品使用、回收情况报告制度，督促指导商品零售、电子商务、餐饮、住宿等经营者落实主体责任。督促指导电子商务、外卖等平台企业和快递企业制定一次性塑料制品减量平台规则。加强宣传教育与科学普及，引导公众养成绿色消费习惯，减少一次性塑料制品消费，自觉履行生活垃圾分类投放义务。

（3）科学稳妥推广塑料替代产品

充分考虑竹木制品、纸制品、可降解塑料制品等全生命周期资源环境影响，完善相关产品的质量和食品安全标准。开展不同类型可降解塑料降解机理及影响研究，科学评估其环境安全性和可控性。推动生物降解塑料产业有序发展，引导产业合理布局，防止产能盲目扩张。

（二）加快推进塑料废弃物规范回收利用和处置

（1）加强塑料废弃物规范回收和清运

结合生活垃圾分类，推进城市再生资源回收网点与生活垃圾分类网点融合，在大型社区、写字楼、商场、医院、学校、场馆等地合理布局生活垃圾分类收集设施设备，提高塑料废弃物收集转运效率，提升塑料废弃物回收规范化水平。

（2）建立完善农村塑料废弃物收运处置体系

完善农村生活垃圾分类收集、转运和处置体系，构建稳定运行的长效机制，加强日常监督，不断提高运行管理水平。根据当地实际，统筹县、乡、村三级设施建设和服务，合理选择收集、转运和处置模式。

（3）加大塑料废弃物再生利用

支持塑料废弃物再生利用项目建设，发布废塑料综合利用规范企业名单，引导相关项目向资源循环利用基地、工业资源综合利用基地等园区集聚，推动塑料废弃物再生利用产业规模化、规范化、清洁化发展。

（4）提升塑料垃圾无害化处置水平

全面推进生活垃圾焚烧设施建设，支持各地尽快补齐生活垃圾焚烧处理能力短板，加强现有垃圾填埋场综合整治，提升运营管理水平，规范日常作业，禁止随意倾倒、堆存生活垃圾，防止历史填埋塑料垃圾向环境中泄漏。

（三）大力开展重点区域塑料垃圾清理整治

（1）加强江河湖海塑料垃圾清理整治

发挥各级河（湖）长制平台作用，实施江河、湖泊、水库管理范围内塑料垃圾专项清理，建立常态化清理机制，力争重点水域露天塑料垃圾基本清零。组织开展江河湖海塑料垃圾及微塑料污染机理、监测、防治技术等相关研究。

（2）深化旅游景区塑料垃圾清理整治

建立健全旅游景区生活垃圾常态化管理机制，增加景区生活垃圾收集设施投放，推动旅游景区生活垃圾与城乡生活垃圾一体化收运处置，及时清扫收集景区塑料垃圾。将塑料污染治理有关要求纳入旅游景区质量等级评定标准体系。

（3）深入开展农村塑料垃圾清理整治

结合农村人居环境整治提升工作，将清理塑料垃圾纳入村庄清洁行动的工作内容，组织村民清洁村庄环境，对散落在村庄房前屋后、河塘沟渠、田间地头、巷道公路等地的露天塑料垃圾进行清理，推动村庄历史遗留的露天塑料垃圾基本清零。

我国多年来积极推动"白色污染"治理，从"限塑令"的提出到《"十四五"塑料污染治理行动方案》等政策的出台，逐渐建立健全了塑料污染防治长效机制，推动减少塑料污染成效有目共睹。做好减塑工作，不仅需要政府积极行动起来，制定好相关政策规范和实施细则；也需要行业、企业切实履行社会责任，执行好国家有关规定，走绿色发展的道路；更需要广大社会公众多一些理解、支持和参与。

（四）日常生活中该怎么做

应对"白色污染"，日常生活中我们应该怎么做呢？

1）使用环保袋：到商场超市购物时自带菜篮子或环保布袋，使用可重复利用的购物袋，减少使用塑料袋。

2）自备日常用具：点外卖时尽量选择"无需餐具"，在办公场所自备餐具、水杯；旅行、出差自带洗漱用品、拖鞋；会议和办公减少使用一次性签字笔等。

3）做好垃圾分类：不乱扔塑料饮料瓶、塑料袋和其他塑料垃圾，随手清理身边的塑料垃圾；尽量做到塑料垃圾分类投放，定期回收。

4）快递包装重复使用：在外卖服务和快递寄送时，优先采用可重复使用、易回收利用的包装物，优化邮件快件包装，减少包装物的使用。

5）选择替代品：必须使用一次性塑料制品时，尽量选择纸基或生物降解制品进行替代。

第四章　长江大保护——低碳生活，从我做起

一、关于碳达峰碳中和及绿色低碳发展的重要讲话与相关文件

（一）关于碳达峰碳中和的重要讲话与相关文件

2020 年 9 月 22 日，习近平主席在第七十五届联合国大会一般性辩论上宣布，中国将提高国家自主贡献力度，采取更加有力的政策和措施，二氧化碳排放力争于 2030 年前达到峰值，努力争取 2060 年前实现碳中和，向世界昭示了中国低碳减排的决心。

2021 年 2 月 22 日，《国务院关于加快建立健全绿色低碳循环发展经济体系的指导意见》指出，要坚定不移贯彻新发展理念，全方位全过程推行绿色规划、绿色设计、绿色投资、绿色建设、绿色生产、绿色流通、绿色生活、绿色消费，使发展建立在高效利用资源、严格保护生态环境、有效控制温室气体排放的基础上，统筹推进高质量发展和高水平保护，建立健全绿色低碳循环发展的经济体系，确保实现碳达峰碳中和目标，推动我国绿色发展迈上新台阶。

2021 年 4 月 16 日，习近平主席在同法国、德国领导人举行的视频峰会上宣布中国将力争于 2030 年前实现二氧化碳排放达到峰值、2060 年前实现碳中和，这意味着中国作为世界上最大的发展中国家，将完成全球最高碳排放强度降幅，用全球历史上最短的时间实现从

碳达峰到碳中和。这无疑将是一场硬仗。中方言必信，行必果，我们将碳达峰碳中和纳入生态文明建设整体布局，全面推行绿色低碳循环经济发展。

2021年9月22日发布的《中共中央 国务院关于完整准确全面贯彻新发展理念做好碳达峰碳中和工作的意见》指出，持续优化重大基础设施、重大生产力和公共资源布局，构建有利于碳达峰碳中和的国土空间开发保护新格局。在京津冀协同发展、长江经济带发展、粤港澳大湾区建设、长三角一体化发展、黄河流域生态保护和高质量发展等区域重大战略实施中，强化绿色低碳发展导向和任务要求。

2021年10月27日发布的《中国应对气候变化的政策与行动》指出，实现碳达峰碳中和是中国深思熟虑作出的重大战略决策，是着力解决资源环境约束突出问题、实现中华民族永续发展的必然选择，是构建人类命运共同体的庄严承诺。中国将碳达峰碳中和纳入经济社会发展全局，坚持系统观念，统筹发展和减排、整体和局部、短期和中长期的关系，以经济社会发展全面绿色转型为引领，以能源绿色低碳发展为关键，加快形成节约资源和保护环境的产业结构、生产方式、生活方式、空间格局，坚定不移地走生态优先、绿色低碳的高质量发展道路。

2021年11月17日，生态环境部部长黄润秋发表的署名文章《把碳达峰碳中和纳入生态文明建设整体布局》中指出，实现碳达峰碳中和，是以习近平同志为核心的党中央统筹国内国际两个大局作出的重大战略决策，是着力解决资源环境约束突出问题、实现中华民族永续发展的必然选择，是构建人类命运共同体的庄严承诺。将碳达峰碳中和纳入生态文明建设整体布局，进一步丰富了生态文明建设的内涵要求，彰显了碳达峰碳中和工作的战略定位和重大意义。

习近平总书记在党的二十大报告中强调,"立足我国能源资源禀赋,坚持先立后破,有计划分步骤实施碳达峰行动""完善能源消耗总量和强度调控,重点控制化石能源消费,逐步转向碳排放总量和强度'双控'制度"。

2023年7月召开的全国生态环境保护大会强调要处理好高质量发展和高水平保护、重点攻坚和协同治理、自然恢复和人工修复、外部约束和内生动力、"双碳"承诺和自主行动的关系,并将积极稳妥推进碳达峰碳中和作为美丽中国建设的一项重点任务。

近年来,在习近平新时代中国特色社会主义思想特别是习近平生态文明思想指导下,中国完整准确全面贯彻新发展理念,将碳达峰碳中和纳入生态文明建设整体布局和经济社会发展全局,将减污降碳协同增效作为经济社会发展全面绿色转型的总抓手,落实国家自主贡献目标,应对气候变化工作取得显著成效。

2023年10月12日,《市场监管总局关于统筹运用质量认证服务碳达峰碳中和工作的实施意见》指出,要以习近平新时代中国特色社会主义思想为指导,全面贯彻党的二十大精神,深入践行习近平生态文明思想。根据《中共中央 国务院关于完整准确全面贯彻新发展理念做好碳达峰碳中和工作的意见》、《2030年前碳达峰行动方案》和《市场监管系统推进碳达峰碳中和工作实施方案》的部署要求,统筹推进碳达峰碳中和认证制度体系建设,优化制度供给,规范认证实施,全面服务于碳达峰碳中和目标的实现。

2024年3月5日,国务院总理李强代表国务院向十四届全国人大二次会议作政府工作报告。党中央对今年工作作出了全面部署,关于碳达峰碳中和方面,指出要积极稳妥推进碳达峰碳中和。扎实开展"碳达峰十大行动"。提升碳排放统计核算核查能力,建立碳足迹管理体系,扩大全国碳市场行业覆盖范围。深入推进能源革命,控制化石能源消费，加快建设新型能源体系。加强大型风电光伏基地和外送通道建设，推动分布式能源开发利用，发展新型储能，促进绿电使用和国际互认，发挥煤炭、煤电兜底作用，确保经济社会发展用能需求。

2024年4月29日，"2024碳达峰碳中和绿色发展论坛"在北京举行，论坛以"落实'双碳'行动，建设美丽中国"为主题。实现碳达峰碳中和，等不得也急不得，不可能毕其功于一役，必须坚持稳中求进、逐步实现。3年多来，我国聚焦落实"双碳"目标任务，从顶层设计到具体落实，推进"双碳"工作蹄疾步稳，取得积极进展。

2024年5月23日，国务院印发的《2024—2025年节能降碳行动方案》指出节能降碳是积极稳妥推进碳达峰碳中和、全面推进美丽中国建设、促进经济社会发展全面绿色转型的重要举措。为加快节能降碳工作的推进，需要落实化石能源消费减量替代行动、非化石能源消费提升行动、钢铁行业节能降碳行动、石化化工行业节能降碳行动、有色金属行业节能降碳行动、建材行业节能降碳行动、建筑节能降碳行动、交通运输节能降碳行动、公共机构节能降碳行动、用能产品设备节能降碳行动。

（二）关于绿色低碳发展的重要讲话与相关文件

2021年9月17日，"主要经济体能源与气候论坛"以视频形式举行。在习近平生态文明思想指引下，中国将坚定不移走生态优先、绿色低碳发展道路，提前超额完成2020年气候行动目标，坚决遏制"高耗能""高排放"项目盲目发展，再次宣布碳达峰目标、碳中和愿景，展现了气候行动的雄心。

践行绿色低碳理念，融入城市治理的每个细节。绿色低碳的生活方式不仅有利于降低碳排放，也将助力长江大保护这一伟大战略要求。

党的十九大报告中强调，要加快建立绿色生产和消费的法律制度和政策导向，建立健全绿色低碳循环发展的经济体系。2020 年 5 月 26 日，习近平总书记在中共中央政治局第四十一次集体学习时强调要充分认识形成绿色生活方式的重要性、紧迫性、艰巨性，把推动形成绿色生活方式摆在更加突出的位置。2020 年，国务院发布《新时代的中国能源发展》，指出要坚持节约资源和保护环境的基本国策，坚持节能优先方针，树立节能就是增加资源，减少污染、造福人类的理念，把节能贯穿于经济社会发展全过程和各领域。

2022 年 1 月 14 日，习近平总书记在十九届中央政治局第三十六次集体学习时的讲话中提到，减排不是减生产力，也不是不排放，而是要走生态优先、绿色低碳发展道路，在经济发展中促进绿色转型、在绿色转型中实现更大发展。

2024 年全国生态环境保护工作会议上，生态环境部部长黄润秋在报告中指出，要坚持减污降碳协同增效，积极推动绿色低碳发展。

走绿色低碳可持续发展的道路，不仅是突破资源环境"瓶颈"约束，也是对工业、经济、环境等各个方面产生重大影响，更是实现高质量发展进程的必然要求。绿色低碳的生活方式必将助力长江经济带的绿色低碳发展，这既利于降低我们对环境的影响，又能助力中国实现"双碳"目标。

2024 年 3 月 27 日，《关于进一步强化金融支持绿色低碳发展的指导意见》指出以习近平新时代中国特色社会主义思想为指导，全面贯彻党的二十大精神，深入践行习近平生态文明思想，坚持稳中求进工作总基调，立足新发展阶段，完整、准确、全面贯彻新发展理念，加快构建新发展格局，着力推动高质量发展，进一步强化金融对绿色低碳发展的支持，坚定不移走生态优先、节约集约、绿色低碳的高质量发展道路，为确保国家能源安全、助力碳达峰碳中和形成有力支撑。

二、碳达峰与碳中和及绿色低碳生活

（一）碳达峰的概念

碳达峰是指在某一个时间点，二氧化碳的排放不再增长达到峰值，之后逐步回落。

（二）碳中和的概念

碳中和是指一段时间内，特定组织或整个社会活动产生的二氧化碳，通过植树造林、海洋吸收、工程封存等自然、人为手段被吸收和抵消掉，实现人类活动二氧化碳相对"零排放"。

（三）绿色低碳生活的概念

绿色低碳生活是指在环保、节能、低碳生活理念的引导下，在生活中尽可能减少对环境的污染和资源的浪费的生活方式。这种生活方式会促进我国"双碳"目标的实现，促进人与自然和谐共生。

（四）绿色低碳生活助力长江大保护

倡导绿色低碳生活对长江大保护具有重要意义。长江作为中国最长的河流，承载了丰富的生态资源和经济发展潜力。然而，长江流域的环境压力日益增大，水污染、生态破坏等问题日趋严重。因此，推动绿色低碳生活方式，减少对长江的环境压力，是实现长江大保护的重要途径之一。低碳生活是实现"双碳"目标的重要一环。实现"双碳"目标，生产方式和生活方式都要低碳转型。低碳生产方式决定低碳生活方式，低碳生活方式倒逼低碳生产方式。

三、绿色低碳生活，从我做起

当今社会经济快速发展的过程中居民的生活质量和福利水平得到提高，居民消费水平也迅速上升；联合国环境规划署《2020 年排放差距报告》显示，基于消费的温室气体排放核算法计算，全球约 2/3 的排放与家庭活动有关，居民生活消费成为仅次于工业的第二大能源消耗部门，具有较大的减排潜力。因此，倡导绿色低碳生活方式非常迫切且意义重大。

消费是碳排放的终端，无论是 2030 年前碳达峰还是 2060 年前碳中和的目标，都离不开我们这些作为消费端的亿万民众的共同努力。碳达峰碳中和目标的最终实现，需要我们从生活中的点点滴滴做起，改变我们的生活方式与消费行为。

（一）市民绿色低碳生活包含的内容

低碳生活并不等于刻意节俭，而是指以生态价值观为导向，在日常生活中约束自己行为，最大限度地避免使用高碳排放商品和避免接受高碳排放服务、节约资源、保护环境，进而减少碳排放的一种简约、健康的绿色生活行为模式。绿色低碳生活是一种态度，它融合在人们的衣、食、住、行等各个方面。

（二）在衣食住行中践行绿色低碳生活方式

有研究表明，欧洲居民平均碳足迹中，出行占 30%，家庭生活占 22%，餐饮占 17%，家具、生活用品占 10%，服装占 4%。衣食住行每个方面均存在巨大的碳排放量，其中，吃、住、行是碳排放的大户。

1. 衣

中国纺织服装行业每年碳排放量大约在 2.3 亿吨。纺织行业已成为仅次于石油行业的全球第二大污染行业，每生产 1 吨纺织品就会排放 17 吨温室气体，远高于塑料 3.5 吨和纸张不足 1 吨的碳排放。从纺织品生产的全生命周期来看，该行业每年的碳足迹为 33 亿吨。因此，在日常生活中倡导低碳着装、低碳洗衣、加强衣物的回收再利用显得十分重要。

（1）低碳着装

低碳着装是指人们在购衣、穿着、维护等过程中遵循低碳理念（低排放、低污染、低消耗）的着装方式和习惯，也指人们在消耗服装的过程中产生的碳排放总量更低的一种着装习惯。每人每年少买一件衣服，可节能约 2.5 千克标准煤，减排 6.4 千克 CO_2。

（2）低碳洗衣

采用手洗与自然晾干是最为低碳的洗衣方式。衣服洗净后，自然晾干，不用烘干机，这样就可以有效减少 90% 的 CO_2 排放量。如果每月用手洗代替机洗一次，每台洗衣机每年可节能约 1.4 千克标准煤，相应减排 3.6 千克 CO_2。如果全国约 1.9 亿台洗衣机每月都少用一次，那么每年可节能约 26.6 万吨标准煤，减排 68.4 万吨 CO_2。

（3）加强衣物的回收再利用

推进废旧物资循环利用体系建设，提高资源利用效率，推动生态文明建设，对实现碳达峰碳中和目标具有重要意义。加强衣物的回收再利用是废旧物资循环利用的一个重要途径，我们可以：

①通过各种渠道和途径在大众中普及废旧衣物直接废弃的不利影响，宣传废旧衣物回收再利用的意义，培养回收利用废旧衣物的意识；

②在居民区合理设置衣物回收装置（箱），发布科学回收废旧衣物的行动指南，引导民众进行废旧衣物初期的挑拣、筛选、整理等工作；

③采取定时检查、定点清理等方式，实现回收装置（箱）专人负责，加强衣物回收再利用。

2. 食

研究表明，我国城乡居民食品消费产生的温室气体年均达到 23.26 亿吨，占中国温室气体排放量的 20.51%，并且我国人均食物消费带来的温室气体排放从 2014 年的 452.0 千克 CO_2/人增长到 2020 年的 497.4 千克 CO_2/人，涨幅为 10%。据 2020 年全国人民代表大会常务委员会专题调研组《关于珍惜粮食、反对浪费情况的调研报告》，不包括居民家庭饮食中的食物浪费，我国仅城市餐饮每年食物浪费在 340 亿～360 亿斤（折合 1 700 万～1 800 万吨），相当于 3 000 万～5 000 万人一年的食物量。因此在日常生活中践行光盘行动、进行合理素食与养成绿色低碳的饮食习惯显得十分重要。

（1）践行光盘行动

珍惜粮食、节约粮食是中华民族传统美德之一。如果每人每月少浪费 0.5 千克粮食（以水稻为例），每年可节能约 2.16 千克标准煤，减排 5.64 千克 CO_2；每人每月少浪费 0.5 千克猪肉，每年可节能约 3.36 千克标准煤，减排 8.4 千克 CO_2。

为了践行光盘行动我们应该做到：

①餐厅不多点。倡导"N-1 点餐模式"，比如，3 个人一起吃

饭，就点 2～3 个菜，不够再加；做到剩菜打包。

②食堂不多打。在食堂按需打饭，吃多少盛多少。

③厨房不多做。在家按需做饭，从源头上减少剩菜剩饭的产生。

另外，服务员多些提醒和引导；餐厅多提供半份菜、小份菜；餐饮企业主动提供打包服务。以此养成生活中珍惜粮食、厉行节约、反对浪费的习惯。

（2）进行合理素食

素食产生的碳排放量在同等情况下远小于肉食。主要原因是动物在成长过程中对食物的利用率较低，以及会排放甲烷类气体。即使在肉类食品中，不同类型的肉所产生的碳排放量也不同，比如，牛肉和羊肉等红肉所产生的碳排放量比相同质量的鸡肉、猪肉类食品多（表 4-1）。

表 4-1　不同单位食物温室气体排放系数　　　单位：$kg\ CO_2eq/kg$

食物种类	粮食	蔬菜	畜类	禽类
排放系数	1.378 221 3	0.128 231 63	5.136 713 5	4.100 753 81
食物种类	水产品	蛋类	奶类	水果
排放系数	3.006 018 11	3.722 753 81	1.766 107 92	0.241 213 16

对于成年人来说，相较于正常的杂食食谱，纯素食和蛋奶素食的食谱所产生的人均碳足迹分别为杂食食谱的 59% 和 65%，并且能满足人体均衡营养中所要求的各种营养物质。根据测算，在一定的膳食结构改善条件下，仅通过改变饮食习惯，到 2030 年当年的碳排放量可减少 6 621 万吨。

因此在日常生活中应该多吃蔬菜，适量吃畜禽肉，少吃红肉，吃蛋奶素食或可减少碳排放量，并且有利于身体健康。有研究表明，蛋奶素食和纯素食具有更低的肥胖风险和罹患缺血性心脏病的风险，长期食用也能增加人类的预期寿命。同时，该研究还表明，相较于其他肉类，过量摄入红肉会显著增加患各类疾病的风险。世界卫生组织也将红肉列入 2A 类致癌物。

（3）养成绿色低碳的饮食习惯

我们日常饮食中一个小小的选择和习惯往往就能实现低碳。

①多选购时令蔬菜、水果。反季节蔬菜和水果需要使用能源消耗较大的种植方式，因此减少反季节蔬菜、水果的需求可以更好地保护环境。

②选购食品要适量。这样食物可在较短时间内吃完而不必用冰箱冷藏，从而节省能源，减少碳排放。

③养成吃八成饱的习惯。现代人大多营养过剩，吃八成饱不但可以保护肠胃健康，还可以减少过多摄入食物的浪费，减少碳排放。

④不选购过度包装的食品。过度的包装会浪费资源，导致碳排放增加，因此应建立起朴素的包装理念，树立绿色消费观。

3. 住

（1）建设低碳社区

建设低碳社区是为应对全球变暖、气候变化的可持续发展政策在社区治理上的落实和实践。低碳社区是指通过采取合理规划、先进的管理模式等一系列手段和对策，使其碳排放降低或者达到"零排放"的社区。

建设低碳社区我们应当：

①对建筑进行低碳化改造。如对建筑外墙、遮阳顶棚等进行节能改造。

②使用节能设备。如使用太阳能采暖设备等其他光伏光热产品。

③开展低碳宣传教育。开展低碳宣传教育，倡导低碳文化和低

碳生活。

④新建住房以"绿色建筑"为主。新建住房以"绿色建筑"为主，最大限度达到人与自然和谐共生的目的。

⑤使用绿色建材。使用绿色建材，以减少对资源的消耗、减轻对生态环境的影响，从而达到节能、减排、安全、健康的效果。

（2）践行绿色低碳装修

为了减少我们日常装修带来的资源浪费与碳排放，并同时降低装修房屋对人体健康造成的不良影响。在装修中，我们应当做到：

①科学合理设计。装饰装修效果、资源消耗、建筑材料应用、成本等都需要进行合理设计，在确保施工顺利完成的前提下，将资源消耗、成本支出降到最低。

②材料优化选择。在满足住户需求的前提下，选择绿色环保装修材料，并精确计算材料用量，避免物资浪费。

③施工过程有效控制。施工所产生的各种垃圾、废物需要分类堆放，注意材料的循环应用；减少噪声，避免过多的灰尘产生，保证施工现场环境的整洁度。

（3）节约用电

节约用电我们应当：

①提前淘米并浸泡。提前淘米并浸泡 10 分钟再用电饭锅煮，可缩短米熟的时间，节电约 10%，每户每年可省电 4.5 千瓦时，减排 4.3 千克 CO_2。

②减少电视机使用时间。每天少开半小时电视机，每台每年可省电约 20 千瓦时，减排 19.2 千克 CO_2。

③饮水机闲置时关掉电源。饮水机闲置时关掉电源，每台每年可省电约 366 千瓦时，减排 351 千克 CO_2。

④使用节能灯。1 支节能灯 1 年可省电约 71.5 千瓦时，可减排

68.6 千克 CO_2。

⑤使用节能空调。1 台节能空调比普通空调每小时少耗电 0.24 千瓦时，按全年使用 100 小时保守估计，可省电 24 千瓦时，减排 23 千克 CO_2。

⑥使用节能冰箱。1 台节能冰箱比普通冰箱每年可以省电约 100 千瓦时，减排 96 千克 CO_2。

（4）节约用水

节约用水我们应当：

①调整用水习惯。与浪费水有关的习惯有很多，例如，用抽水马桶冲烟头和零碎废物；为了接一杯热水，而白白放掉许多水；先洗果蔬后削皮，或冲洗之后再摘蔬菜；洗手、洗脸、刷牙时，总让水流着；睡觉前、出门前，不检查水龙头；设备漏水，不及时修理等。不良习惯会造成水资源的大量浪费，如一个滴水的水龙头，一天能浪费 1～6 升水；一个漏水的马桶，一天能浪费 3～25 升水。要改变不良用水习惯，养成用水好习惯。

②使用节水器具。节水器具如节水型水箱、节水龙头、节水马桶等可大幅节约生活用水，此外，器具的节水使用也是重要的节水途径，如优选洗衣清洗程序，根据需求选择适合的洗涤水位和清洗次数，从而达到节水的目的。

③循环使用水及节水小妙招。淘米水洗菜，再用清水清洗，不仅节约了水，还有效地清除了蔬菜上的残存农药。洗衣水洗拖把、擦地板、再冲厕所。第二道清洗衣物的洗衣水擦门窗及家具、洗鞋袜等。大小便后冲洗厕所，尽量不开大水管冲洗，而充分利用使用过的"脏水"；夏天给室内外地面洒水降温，尽量不用清水，而用洗衣之后的洗衣水；自行车、家用小轿车清洁时，不用水冲，改用湿布擦，太脏的地方，也宜用洗衣物过后的余水冲洗；专用洗车场，

应建立循环用水设施；家庭浇花，宜用淘米水、茶水、洗衣水等；家庭洗涤手巾、小物件、瓜果等少量用水，宜用盆子盛水而不宜开水龙头放水冲洗；工厂、企业生产用水，提倡采用循环用水法，将冷却水、过滤水、沉淀水再生利用、反复循环使用；水龙头使用时间长有漏水现象，可用装青霉素的小药瓶的橡胶盖剪一个与原来一样的垫圈放进去，可以保证滴水不漏。

（5）节约用气

节约用气我们应当：

①合理调整燃具开关的大小。例如，在烧水时，火焰不蔓出底部为宜，在烧菜时水开后可以调小火焰并盖上锅盖。

②防止火焰空烧。炒菜前要准备好食材，以防点燃火后手忙脚乱。

③尽可能使用底面较大的锅或壶来增大受热面积，提高燃气使用效率。

④锅底与炉头距离要适当。距离太远会导致一部分热量消散。

⑤改进烹调方法。改蒸饭为焖饭，改用普通锅为高压锅，既省时间又省气。

⑥连续使用一个灶口。利用灶口余热可以提高热效率。

⑦定期清洗炉盘。定期清洗炉盘，防止污垢堵塞火焰口。

⑧合理调节调风板。达到最佳进气量，使天然气充分燃烧，也可以节省气。

（6）践行垃圾分类

①树立垃圾分类意识。根据《生活垃圾分类制度实施方案》，生活垃圾分类工作遵循政府推动、全民参与，因地制宜、循序渐进，完善机制、创新发展、协同推进、有效衔接的原则。

②学习垃圾分类知识，对日常生活中的垃圾精准分类。根据《生

活垃圾分类标志》，垃圾类型分为有害垃圾、可回收物、厨余垃圾和其他垃圾四大类，以提升生活垃圾的资源化利用效率。

③认识到每个家庭的垃圾分类，都能为绿色低碳生活和生态环境保护贡献一份力量。

4. 行

根据国际能源署的数据，2023 年全球碳排放量达到 374 亿吨，较 2022 年增长 1.1%。交通运输业已成为我国仅次于工业的第二大碳排放行业。根据国际能源署的预测，到 2035 年中国交通碳排放量将占世界交通碳排放量的 1/3 以上。交通运输是能源消费的重要部门，也是温室气体和大气污染排放的主要来源，其能耗占终端能耗总量的 10.7%。根据中国碳核算数据库，中国交通运输业 CO_2 排放量从 2010 年的 5.36 亿吨增加到 2021 年的 7.79 亿吨。

因此在生活中采用低碳出行方式，倡导低碳旅行、推动新能源汽车发展等能有效减少交通运输造成的碳排放。

（1）践行绿色低碳出行

①能乘坐公共交通工具（公交车、轻轨等）就不开车出门，能步行就不坐车出行，能爬楼就不乘电梯。

②每月少开一天车，每车每年可省油约 44 升，减排 98 千克 CO_2；

③用骑自行车或步行代替驾车出行 200 千米，可以减少汽油消耗 16.7 升，减排 36.8 千克 CO_2。

（2）倡导绿色低碳旅行

①优选旅行目标。对旅行目标提前做功课，包括旅游点是否存在过度开发，是否为旅游的热点地区等。

②规划行程。合理规划整个行程，尽量缩短高碳消耗行程。

③预订低碳酒店。预订酒店时，关注酒店是否环保，是否能够

回收垃圾，是否使用再生资源等。

④减少一次性用品的使用。尽量减少一次性筷子、一次性牙刷等用品的使用。

⑤减少垃圾产生。在旅行过程中难免要产生垃圾，除了把垃圾分类放到指定的地点，还应该注重减少垃圾的产生。

（3）推动新能源汽车及绿色交通发展

①推动交通基础设施绿色化，优化城市路网配置，提高道路通达性，加强城市公共交通和慢行交通系统建设管理，加快充电基础设施建设。

②推广节能和新能源车辆，在城市公交、出租汽车、分时租赁等领域形成规模化应用，完善相关政策，依法淘汰高耗能、高排放车辆。

③全面实施汽车国六排放标准和非道路移动柴油机械国四排放标准，基本淘汰国三及以下排放标准汽车。

④大力发展智能交通，积极运用大数据优化运输组织模型。

第五章　辐射及其防护

在现代社会，我们日常生活中难免会接触到各种形式的辐射，无论是来自太阳的紫外线、医疗设备的 X 射线，还是电子产品的电磁辐射。虽然一些辐射对人类和环境有益，但过度暴露或不当处理可能会带来健康和安全风险。因此，理解辐射及其防护是至关重要的。本章将探讨不同类型的辐射以及有效的防护措施，以帮助我们在日常生活中更好地降低辐射风险，保障健康和安全。

一、辐射的基本概念及类型

（一）辐射的基本概念

辐射是指通过波或粒子的形式从一个地方移动到另一个地方的能量。我们在日常生活中就会接触到各种辐射，一些最常见的辐射源包括太阳、微波炉和在汽车里收听的收音机。这些辐射中大部分对我们的健康不造成影响，但有些辐射会给我们带来风险。一般来说，辐射在剂量低时风险较低，在剂量高时风险则高。根据不同的辐射类型，必须采取不同的措施来保护我们的身体和环境免受其影响，但同时我们也可以从辐射的许多应用中受益。

辐射的好处：

①健康：辐射为我们的医疗提供诸多便利，如许多癌症治疗以

及诊断成像技术。

②能源：辐射使我们能够通过诸如太阳能和核能来生产电力。

③环境和气候变化：辐射可用于处理废水或创造抗气候变化的新植物品种。

④工业和科学：利用基于辐射的核技术，科学家可以探查历史文物，或在汽车工业等领域生产具有优良特性的材料。

（二）辐射的类型

辐射被认为是带能量的粒子或波动在空间传播的一种过程。由于辐射本身能量不同，其与物质相互作用的反应机理也不同，我们常把辐射划分为电离辐射和非电离辐射两种类型。通常，非电离辐射又称电磁辐射。

1. 电离辐射

电离辐射是依据射线能让中性原子产生电离来定义的。所谓电离，是指让不带电的物质在射线的作用下变成带电物质的过程。因为放射性物质的原子核发生衰变时释放出的射线能量较高，可以使物质发生电离，所以核辐射也称电离辐射。

电离辐射主要的种类有α射线、β射线、X射线、γ射线和中子辐射等。其中 X 射线和 γ 射线是电磁波，但由于能量较高，它们已经进入了电离辐射的范畴。

2. 非电离辐射

另一种辐射类型是非电离辐射，最常见的非电离辐射就是不会产生电离作用的电磁辐射，也就是电磁辐射中频率"比较"低的那一部分。

具体按照频率从高到低有可见光（就是各种有颜色的光或者是太阳光这种由各种颜色的光线组合起来的光）、红外线（是一种经常用于通信连接的电磁波，具体应用有红外线鼠标、红外线打印机等）、微波（微波炉）、无线电波（广播电台和手机等通信装置需要这个频率的电磁波）、低频电磁波等。

（三）辐射应用举例

1. 农产品加工与储存方面应用

微波辐射技术：用于菌种诱变，缩短发酵时间并提高发酵产物产量，控制有害微生物，提取微生物源功能性物质等，具有清洁、高效、无污染、节能省时、操作简便等优点。

红外辐射技术：用于许多食品制造过程，如干燥、煮沸、加热、多酚回收、冷冻干燥、抗氧化剂回收、微生物抑制、食品烘烤、果汁制造和烹饪食品等。该技术具有效率高、能耗低、污染小等优点。

电离辐射技术：用于辐照育种，可改变农作物的遗传性，再经过人工的选择和培育得到新的优良品种；用于辐照加工，可对食品、农产品等起到灭菌、保鲜、延长食用期的目的。

2. 医疗方面应用

放射诊断（医疗诊断）：利用 X 射线、超声和核素的γ射线等射线了解人体形态结构、生理功能及病理变化。该技术主要涉及 X 光机、CR 和 DR、CT、乳腺机、牙片机等。

放射治疗（临床治疗）：放射治疗是最广泛使用的癌症治疗方法之一。它包括以不同形式（X 射线、γ射线、粒子）使用辐射来单独或与手术或化学疗法组合破坏和摧毁肿瘤。放射治疗分为外部（远距离放射治疗）和内部（近距离放射治疗）两种。

药物可控释放：通过辐照不同剂量就可以实现药物的可控释放。

3．环境保护方面应用

水体消毒：电离辐射技术杀菌效率较高，在高效杀灭微生物的同时能够有效降低水中的有机污染物和 TOC。该技术消毒过程无须投加化学药剂，是一种绿色环保的消毒工艺。

固体废物污染控制：①污泥处理：微波辐射可以改变污泥的微观形态，流态对污泥颗粒之间的相互作用也有一定的影响。②有机固体废物应用：同步辐射光谱技术可以解析重金属在有机固体废物中形态演变过程、钝化机制，建立重金属污染物微观形态与其生物有效性之间的联系，为有机固体废物环境风险评估、调控及资源化利用提供直接的证据和参考。

二、辐射的来源、危害、屏蔽与防护

（一）日常生活电磁辐射和电离辐射的来源

1．日常生活中电磁辐射的来源

我们所生活的世界里，电磁辐射无处不在。自然界的太阳光、闪电、宇宙射线等，都是天然存在的电磁波，我们已经在一定程度上适应了这类辐射；而人类以电磁技术为基础的许多创造发明，也会向空间辐射电磁能量，如手机和手机基站、微波炉、电脑、电视机等。

2. 日常生活中电离辐射的来源

生活环境中电离辐射无处不在，按其来源可分为天然辐射和人工辐射。联合国原子辐射影响科学委员会（UNSCEAR）报告指出，人们受到的辐射大约有 80%来自天然环境，近 20%来自医疗照射等人工活动。人体受到少量辐射一般不会有不适症状，也不会伤害身体。

天然辐射照射也叫本底照射，主要有 3 个来源：

①人体内部天然存在的放射性同位素钾-40。

②岩石、土壤和水体中存在的放射性同位素，其中以放射性氡的影响最大。

③宇宙射线，一般来说，地势越高，受到宇宙射线的照射越强。据权威部门的调查，人类所受到的天然辐射剂量中，约 40%是由氡气引起的。

人工辐射是指与核相关的人为活动引起对公众的照射，包括医疗照射、核爆炸、核动力生产及其他工农业等领域的应用产生的核辐射。在人工辐射中，医疗照射是人类受到人工照射的主要来源。

（二）电磁辐射和电离辐射的危害

1. 电磁辐射的危害

电磁辐射对人体会产生两种效应，一种是电磁辐射的热效应，另一种是非热的生物学效应。

热效应是由于人体吸收了电磁辐射的能量使人体部分细胞受到了加热作用。人体 70%以上是水，水分子受到电磁波辐射后相互摩擦，引起机体升温，影响体内器官的正常工作。

非热的生物学效应目前认为是由于人体的器官和组织都存在微

弱的电磁场，它们是稳定和有序的，一旦受到外界电磁场的干扰，处于平衡状态的微弱电磁场将遭到破坏，人体健康也会遭受损害。

2．电离辐射的危害

（1）危害人体健康

人体受电离辐射照射后产生的效应按剂量—效应关系可分为组织反应（确定性效应）和随机性效应。

组织反应是通常情况下存在剂量阈值的一种辐射效应，超过阈值时，剂量越高则效应的严重程度越大，如急性辐射损伤，表现为恶心、呕吐及放射性皮肤红斑等症状。

随机性效应是发生概率与剂量成正比而严重程度与剂量无关的辐射效应，如诱发癌症及遗传效应等。

（2）核事故

核设施或者核活动中发生的严重偏离运行工况的状态。这种状态下，可能造成厂内人员受到放射损伤和放射性污染，严重时，放射性物质泄漏到厂外，污染周围环境，对公众健康造成危害。例如，最严重的核事故：切尔诺贝利核电站事故和日本福岛核泄漏事件。

切尔诺贝利核电站事故：1986 年 4 月 26 日凌晨，切尔诺贝利核电站 4 号反应堆发生强烈爆炸，导致大量强辐射物质泄漏。据统计，这起严重的核物质泄漏事故直接导致 30 多人死亡，参与消防和清理行动的 60 万人受到了高剂量的核辐射，苏联境内约有 840 万人受到辐射影响，比奥地利的总人口还多；受到核污染影响的区域面积约为 15.5 万千米 ^{2}，几乎是意大利领土面积的一半；受到强放射性元素污染的农业区面积约为 5.2 万千米 ^{2}，比丹麦的领土面积还大。超过 40 万人被重新安置，许多人从此再也无法回到故土。事故发生地点方圆 30 千米的地区被划定为"隔离区"，基本已成为荒无人烟的废弃地区，而数万人在随后的几年中面临罹患癌症、白血病甚至死亡的威胁。

日本福岛核泄漏事件：2011 年 3 月 11 日，日本福岛县附近海域发生 9.0 级特大地震，地震引发的巨大海啸袭击了福岛第一核电站，造成核电站 1 号至 3 号机组堆芯熔毁。这是自苏联切尔诺贝利核事故之后最严重的核事故。福岛核事故发生后，日本政府要求周边居民前往他处避难。据统计，福岛县离开原住处到各地避难的"核事故灾民"人数最高峰时达到 16 万余人。至今，仍有约 3.8 万灾民未能返回家园。福岛县 7 个行政区域内有 337 千米^2 土地仍属于辐射量较高的"返回困难区域"。长期避难给灾民带来很多生活不便和心理压力。据日本复兴厅统计，11 年来，"地震灾害关联死亡"人数已经达到 3 784 人。厚生劳动省统计显示，与地震灾害相关的自杀人数达到 246 人。福岛大学副教授林薰平长期跟踪研究核污染对当地农林业、渔业的影响，他指出，自然生长的山菜、蘑菇等，还是能检测出高剂量的放射性物质。不仅是避难指示区域，福岛市、伊达市等地区的野生作物也都被禁止上市销售。很多森林、田地、湖泊、池塘因为受核辐射影响，无法利用，长期荒废。

（三）电磁辐射和电离辐射的屏蔽与防护

1. 电磁辐射的屏蔽与防护

国际范围内关于电磁辐射暴露安全的研究与评估已达 20 年以上。世界卫生组织（WHO）和国际非电离辐射保护委员会（ICNIRP）制定了相应的具有足够安全保障的标准限值。国际非电离辐射保护委员会、国际电工委员会（IEC）等国际组织通过收集电磁辐射相关研究，制定了电磁辐射的相关标准。

我国的《电磁环境控制限值》（GB 8702—2014）参考 ICNIRP 和 IEC 的相关标准，列出了大家身边 1 赫～300 吉赫（1 吉赫=10^9赫）电磁场的"大小"安全限值以及评价方法等，如移动基站等设备的电磁环境须控制在 12 伏/米（1 伏/米=1 牛/库）以内，并由我国的环保部门相关机构进行严格的监测和管理等。

我国《移动通信终端电磁辐射暴露限值》（GB 21288—2022）规定公众在 100 千赫～6 吉赫频率内，局部暴露（头部和躯干）任意 10 克组织，任意连续 6 分钟平均比吸收率（SAR）不应超过 2 瓦/千克；在 100 千赫～6 吉赫频率内，局部暴露（四肢）任意 10 克组织，任意连续 6 分钟平均比吸收率不应超过 4 瓦/千克。

电磁辐射具有一些共性特征，可以根据这些特征来主动防护它。我们可以与电磁辐射源保持距离，这是因为电磁辐射的能量会随距离的增加而大幅衰减，因此只要和电磁辐射源保持一定距离就可以了。我们还可以采取屏蔽遮挡措施。例如，建筑物中的钢筋，可以屏蔽距离建筑物 5 米左右高压线的低频电磁辐射；遮阳伞也能挡住大部分可见光、紫外线等电磁辐射。

2. 电离辐射的屏蔽与防护

电离辐射作用于人体主要有外照射和内照射两种方式。

①外照射：由放射源或辐射发生装置（如粒子加速器）释出的贯穿辐射由体外作用于人体称为外照射，人体的受照剂量绝大部分来自主要方向的射线，很少部分来自其他方向的散射线。

②内照射：放射性物质经由空气吸入、食品食入，或经皮肤、伤口吸收并沉积在体内，在体内释放出α粒子或β粒子对周围组织或器官造成照射，称为内照射。

（1）外照射的屏蔽与防护

根据外照射的特点，尽量减少和避免辐射从外部对人体的照射，使人体所受照射不超过规定的剂量限值。

对于外照射的基本防护措施一般有以下 3 种：

①时间防护：控制受照射时间，在一定的照射条件下，受照剂量的大小与受照时间成正比，照射时间越长，受照剂量越大。在受到电离辐射照射的时候，尽可能地缩短电离对身体的照射时间，尽快地躲开存在电离辐射的地方，从而减轻电离辐射对人体的伤害。

②距离防护：增大辐射源与受照人员之间的距离，外照射剂量直接与距离辐射源的距离相关。对于一个点状放射源来讲，辐射照射剂量与该源的距离平方成反比，假如离源的距离增加 1 倍，那么照射剂量将降至原剂量 1/4。

③屏蔽防护：利用屏蔽材料，所谓屏蔽，就是在放射源和人体之间插入必要的吸收物质，使屏蔽层后面的电离辐射强度能降低到所要求的水平，进而达到保护人体不受电离辐射伤害的目的。

（2）内照射的屏蔽与防护

与外照射不同，内照射的人员即使脱离了造成辐射的环境，已进入人体放射性物质依然会对人体产生影响。

人体内照射防护的基本原则是采取各种有效措施，阻断放射性物质进入人体内的各种途径，在最优化原则的范围内，使摄入量减少到尽可能低的水平。对于内照射的基本防护措施一般为：根据需求佩戴高效率的防护口罩；采用隔绝式或活性炭过滤式防护面具等个人防护用具。

我国《内照射放射病诊断标准》（GBZ 96—2011）和《放射性核素内污染人员医学处理规范》（WS/T 583—2017）规定对受到内照射的人员作出以下医学处理：

①进行诊断检查，专业医院对放射性污染物是否进入体内进行检查，根据检查结果决定是否需要采取促排措施。

②进行放射性核素阻吸收，阻止放射性核素由进入部位吸收入血的措施。

③进行放射性核素加速排出，包括用药物和其他措施加速体内放射性核素排出或阻止放射性核素沉积于体内。

④进行内污染医学处理，对受到意外体内污染人员进行的剂量监测、医学观察、治疗、医学干预和随访。

三、我们应该怎么做

（一）应对电离辐射

1. 农业方面

农业应用电离辐射进行育种、防虫、辐照加工等。例如，辐照育种与辐照加工，改变农作物的遗传性，得到新的优良品种；利用放射源的高能量射线，对食品、农产品、药品等进行辐射，达到灭菌、保鲜、延长食用期的目的。但辐射源工作时的剂量非常大，应具有严密的安全联锁系统等防御措施，确保辐照装置安全运行并禁止人员在放射源工作状态下进入辐照室。

2. 医疗方面

（1）射线诊断防护

医用 X 射线影像检查的普遍应用，使医疗照射成为全世界公众所受最大的，并且不断增加的人工电离辐射来源。①对于普通人而言：受检者对放射诊疗要有一个"数量"的概念，普通市民体检时，每年接受 X 光机或 CT（计算机 X 射线体层摄影）检查次数，最好不要超过 2 次。②对于婴幼儿、儿童、孕妇、育龄妇女等敏感人群而言：非特殊需要，受孕 8～15 周的育龄妇女不得做下腹部 X 射线检查。儿童接受 CT 检查会导致患病风险增加，应严格对儿童的诊断性医疗照射进行正当性判断，避免不必要的 CT 检查。

（2）临床治疗防护

受检者在接受治疗前，医疗机构应严格控制照射范围，并为受检者配备必要的放射防护用品，对邻近照射的敏感器官或组织（如性腺、眼晶状体、乳腺和甲状腺）采取必要的屏蔽防护措施，避免其受到 X 射线主线束的直接照射，最大限度地减少患者的辐射暴露。放射工作人员必须定期接受放射防护培训和职业健康体检，并在日常工作中规范佩戴个人剂量计以便监测全身、眼晶状体和手足接受的辐射量是否超标。

（3）核应用方面（应对核污染）

①获取权威信息。事件中尽可能获取关于突发事件的可靠消息（如通过国家核安全局、中国政府网等），了解政府部门的通知和决定；通过各种手段（如电视、广播及新闻等）保持与国家权威机构的信息沟通，切忌轻信谣言或小道消息，并提前做好撤离准备或防护措施；发生事故时记得及时拨打"12369"生态环境部环境举报电话。

②时间、距离、隔离。增大与辐射源之间的距离，减少接触时间；根据相关部门的安排，进行有秩序的撤离，尽可能地远离辐射区域；躲到建筑物比较隐蔽的地方，尽量往上风向或者侧向躲避。

③口鼻千万保护好。进入空气被放射性物质污染严重的区域时，要对五官严防死守，如用手帕、毛巾、布料、口罩等捂住口鼻，减

少放射性物质的吸入。

④通风进气要警惕。电离辐射突发事件发生后，注意及时关闭窗户和通风口，使用再循环空气。如留在室内，关闭空调、换气扇、锅炉和其他进风口。在车上保持车窗和通风口关闭，并采用车内循环空气。

⑤饮食一定要注意。减少一些被核污染食品和饮用水的摄入；对于已经被污染的食品和蔬菜，可以采用去皮、再加工以及洗剂的方式去除；若不慎食用，应在医生的指导下服用药物；应及时进行应急防护，将食品放在密闭容器或冰箱内。

⑥身体防护很重要。核污染发生后，避免淋雨，尽量减少裸露部位，穿戴长衣、帽子、头巾、眼镜、雨衣、手套和靴子。

（二）应对电磁辐射

1. 电器方面

①"小心"手机，接手机别性急。家电工作频率越高，对人体的辐射作用越明显，手机辐射强度很大，工作频率在 1 800～2 000 兆赫。手机在接通瞬间及充电时通话，释放的电磁辐射最大；最好在手机响过一两秒后接听电话；充电时，不要接听电话。

②勿在电脑身后逗留。电脑的摆放位置很重要，应尽量避免将屏幕的背后朝着有人的地方。因为电脑辐射最强的是背后，其次为左右两侧，屏幕的正面反而辐射最弱。

③用水吸电磁波。水是吸收电磁波的好介质，可在电脑的周边多放几瓶水。不过，盛水容器必须是塑料瓶和玻璃杯才行，绝对不能用金属杯。

④避免接触过长，及时洗手洗脸。在使用常规电器时，尽量避

免人体与其接触时间过长，并且接触之后应及时洗脸洗手。

⑤家电不扎堆，用完及时关。家电不要扎堆放和同时使用，在不使用的情况下应关闭。特别是电脑、电视、电冰箱不宜集中摆放在卧室里，以免使自己暴露在超剂量辐射的危险中。

⑥减少待机，保持距离，清除辐射源。当电器暂停使用时，最好不让它们长时间处于待机状态，因为此时可产生较微弱的电磁场，长时间也会产生辐射积累。尽量不接触或远离辐射源，通常与电脑屏幕至少保持30厘米的距离，采用纤维玻璃等进行阻隔；要经常擦拭电器的显示器等，避免电磁辐射滞留在所吸附的灰尘中。

2. 植物防护方面

在生活中可摆放仙人掌、宝石花、景天等多肉植物。有的观赏植物具有吸收电磁辐射的作用，在家庭或办公室中摆放这些植物，可有效减少各种电器电子产品产生的电磁辐射污染。如仙人掌或仙人球是庭院绿化美化的上好花卉品种，具有吸收电磁波辐射、减少电脑危害人体健康的"特异功能"，易于吸收和化解周围环境的电磁场辐射毒素，减少室内外的污染，有益人体健康。

3. 饮食方面

防范电磁辐射，除避免和电磁波的"亲密接触"外，在饮食上也可以对抗电磁辐射对机体的危害。下面将介绍几种有利于防电磁辐射的食物。

①螺旋藻食品。螺旋藻含有丰富的植物蛋白、多种氨基酸、微量元素、维生素、矿物质和生物活性物质，可促进骨髓细胞的造血功能，增强骨髓细胞的增殖活力，促进血清蛋白的生物合成，从而提高人体的免疫力。因此，多吃海带、螺旋藻等，具有明显的抗辐

射功效。

②绿茶。绿茶中的茶多酚，不仅有抗癌和清除体内的自由基的效果，还可以抗辐射。每天喝绿茶对身体非常有益。茶叶中还含有脂多糖，能改善造血功能，升高血小板和白细胞等。

③番茄红素。番茄红素不仅具备较强的抗辐射能力，而且抗氧化能力极强。番茄红素广泛存在于番茄、杏、番石榴、西瓜、番木瓜、葡萄等水果及蔬菜中。其中，番茄中的含量相对较高，多存在于番茄的皮和籽中。

④紫苋菜。紫苋菜具有抗辐射、抗突变、抗氧化的作用，与其含硒有关。硒是一种重要的微量元素，能提高人体对抗辐射的能力。

⑤黑芝麻。黑芝麻益肾，多吃补肾食品可增强身体细胞免疫、体液免疫功能，有效保护人体健康。

⑥银杏叶制品。银杏叶提取物中的多元酚类对防止和减少辐射有奇效，对于在核辐射环境中的工作人员，经常服用银杏叶茶，能升高白细胞，保护造血机能。

第六章　科技与环保

一、科技与环境保护

（一）什么是科技

科学技术是指人类掌握、认识和应用客观自然规律的实际能力。"科学"与"技术"连用，称为"科学技术"，简称科技。科学是一种方法，是人类认识和改造世界的手段；技术是在实践活动中根据实践经验或者科学原理所创造或发明的各种手段和方式、方法的总和。

（二）什么是环境保护

环境保护就是通过采取行政的、法律的、经济的、科学技术等多方面措施，保护人类生存的环境不受污染和破坏；还要依据人类的意愿，保护和改善环境，使它更好地适合人类劳动和生活以及自然界中生物的生存，消除那些破坏环境并危及人类生活和生存的不利因素。环境保护的内容包括保护和改善环境、防治污染和其他公害两个方面。也就是说，要运用现代环境科学的理论和方法，更好地利用资源的同时深入认识、掌握污染和破坏环境的根源和危害，有计划地保护环境，恢复生态，预防环境质量恶化，控制环境污染，促进人类与环境的协调发展。

生态环境是人类文明生存与发展的基础，良好的生态环境是最普惠的民生福祉，人类与自然和谐共生、保护好生态环境才能延续人类文明的火种生生不息。在党的二十大报告中，习近平总书记明确指出，中国式现代化是人与自然和谐共生的现代化，尊重自然、顺应自然、保护自然是全面建设社会主义现代化国家的内在要求。人与自然是生命共同体，无止境地向自然索取甚至破坏自然必然会遭到大自然的报复。我们必须牢固树立和践行绿水青山就是金山银山的理念，站在人与自然和谐共生的高度谋划发展，像保护眼睛一样保护生态环境，像对待生命一样对待生态环境。

（三）科技在环境保护中的应用

人类从农业文明、工业文明到生态文明每一次跨越的实现都伴随科技进步，蒸汽机的发明将人类从贫乏的农业文明时代带入工业文明时代，三次工业革命又将人类带入物质文明极大提升的境遇。生态文明是继工业文明之后的一种新的文明形态，是为从根本上解决工业文明时代出现的生态环境困境所提出。习近平总书记指出，要突破自身发展瓶颈、解决深层次矛盾和问题，根本出路就在于创新，关键要靠科技力量。科技兴则民族兴，科技强则国家强。生态环境科技是国家科技创新体系的重要组成部分，是推动解决生态环境问题的利器。习近平总书记强调，要坚持精准治污、科学治污、依法治污，保持力度、延伸深度、拓宽广度，持续打好蓝天、碧水、净土保卫战。夯实生态环境科技基础，支撑生态环境保护工作。习近平总书记指出，生态文明发展面临日益严峻的环境污染，需要依靠更多更好的科技创新建设天蓝、地绿、水清的美丽中国。

科技助力生态环境改善和高质量发展。科技的形成与发展，实质就是人类不断了解和改变世界，使其适应人类实践活动的过程。当前，环境科技已成为世界各国促进可持续发展最为重要的手段之一，众多环境问题的解决更加依赖于科学技术的发展。目前，已经有很多科技成果在生态环境保护方面应用的成功案例。

二、科技与环保相遇——智慧环保

（一）智慧环保的发展及转变

1. 数字环保

数字环保主要通过虚拟现实（virtual reality，VR）技术、3S 技术、云计算技术和海量存储技术等对环保信息进行处理、分析和整合，确保有序高效地完成环保业务工作。VR 技术主要是通过已有的大量数据建立虚拟世界，环保工作者可以通过这一虚拟世界更透彻地认知污染源监测、生态规划、环境管理等工作，为预测未来环境发展趋势、环境演替规律提供科学依据。3S 技术是地理信息系统（geography information systems，GIS）、全球定位系统（global positioning systems，GPS）和遥感（remote sensing，RS）技术的总称。RS、GPS 和 GIS 三者之间并不是相互独立的，通过 3S 技术集成，能够构成更为完整的监测系统。

2. 数字环保向智慧环保的转变

为了满足智慧城市建设过程中海量环保数据的分析、整合和处理的要求，智慧环保的理念应运而生。物联网技术在数字环保应用的基础上形成了智慧环保体系，即将装备和多种感应传感器应用到环境中以获取多种环境信息，并利用云计算、数据挖掘等处理环境信息，通过环境保护事业与环境物联网技术的结合，最终提出更智慧的决策和管理方式。

智慧环保以绿色环保理念为基础，以物联网作为核心技术。物联网技术为智慧环保体系提供的数据量、集成度、可访问性和及时性，改变了之前单一的以采样-测定-数据分析为基础的环境治理方式。从"数字环保"到"智慧环保"是社会发展的必然举措，更是我国当前环保事业发展的重要方向，借助"数字环保"到"智慧环保"转型创新的手段，可以将我国先进的科学技术成果，逐步引用到环保事业当中，切实有效地提升环保工作效率。

（二）生态环境智慧感知平台

1. 四川"空天地"一体化监测平台

"空天地"一体化监测覆盖了卫星遥感（空基）、臭氧激光雷达（天基）、空气子站常规监测+组分监测+走航监测（地基）等多种监测网络，集成了 WRF、CMAQ、CAMx、OBM、hysplit、flexpart 等多种空气质量模型和轨迹模型，为大气精细化的管理和污染防治提供科学决策和数据支撑。基于地基观测、卫星遥感等基础数据，结合空气质量数值传输模拟，采用多种方法动态预测污染城市与上风向城市或区（县），提升污染过程输送通道的研判准确率和精度［到区（县）的尺度］，构建支撑业务化应用的污染传输通道预报预警技术。

四川省在深入总结分析区域-城市污染特征、形成机制、主要来源和减排潜力的基础上，以"实现细颗粒物（$PM_{2.5}$）和臭氧协同控制"为目标，利用现有空气质量数值传输模拟系统、地基大气监测系统、空基雷达监测系统、天基星载遥感监测系统开展大气污染物精细化溯源。

"空天地"一体化监测平台的搭建：一是通过构建多来源、多因子、多维度、多手段、多过程的"空天地"立体监控，揭示区域、城市及周边大气污染物的输送和转化迁移等过程，构建区域-城市"空天地"一体化大气污染物监测体系；二是动态更新提供百米级别的重点防控区域及企业清单，迅速锁定高污染区域和高排放企业；三是基于卫星遥感监测建立秸秆焚烧实时监管能力，进行火点（秸秆焚烧点及森林火点）反演，获取准确的火点位置及辐射亮温等信息；四是形成区域、城市、区（县）三级全链条监测溯源体系。三级全链条监测溯源体系由"污染溯源—污染防控—效果评估"组成。一级污染溯源：从城市近地面常规监测向区域三维立体尺度的污染诊断监测延伸，开展多来源、多因子、多维度、多手段、多过程的"空天地"一体化大气污染物精细化溯源，摸清城市及周边大气污染物空间分布特征，识别重点管控区域和污染源，为区域和城市大气精细化管理和污染防治提供科学决策和数据支撑；二级污染防控：以污染源排放清单为主，采用现场调查和核算的方式，全面评估各类源（工业源、移动源、扬尘源、其他面源等）对当地空气质量的影响，精准锁定重点管控对象；三级效果评估：利用空气质量数值模型系统，开展减排措施效果评估，根据评估结果提出污染物减排控制的最优组合、最佳方案、合理减排空间。

目前，该技术已应用到四川实际的大气污染防治工作中，多年来不断调优，积累实践经验，助力四川近年来空气质量持续改善，提升重点城市区（县）排名。

2. 杭州市基于 AI 与无代码技术的智慧实验室

杭州市打造基于 AI 与无代码技术的智慧实验室，在国内首次实现了多款水质分析仪器的全流程自动化分析。

智慧实验室的打造：一是基于无代码技术建设生态环境监测数字化新基建，包括数据资源仓、无代码配置中心、能力中心，以及可自主设计修改、快速复用、智能适配的实验室信息管理系统和大数据预警系统。二是构建两条技术路线实现高通量流水线式 AI 水质分析，通过机器换人，实现样品瓶扫码到报告生成全流程自动化；基于全方位感知多传感器集成技术，实现全过程多参数智能监测。三是借助人工智能的原始记录样式识别与判断技术，解决了信息系统原始记录变更难题，实现一键导入变更记录格式、精准智能进行数据赋值，确保记录格式正确、数据准确。通过与手工方法比对、各类实际水样比对、软硬件升级、标准建设等方式，提高 AI 实验室的可推广性。智慧实验室的建成实现专业化学分析实验室从传统到智慧化的变化，实现跨行业普适应用技术以及社会经济效益倍增的突破。

该项目成功应用于亚运水环境质量保障，保障期间共检测 1 925 个样品，产生 7 700 个数据。截至 2023 年 11 月，累计完成 4 300 多个样品的比对分析，涵盖饮用水、河道、入海河口、面源污染等不同类型水体，共获取数据 1.7 万余个，总磷、总氮、氨氮、高锰酸盐指数 4 项指标比对合格率均接近 100%。

3. 济南市出租车走航大气监测系统

空气质量监测是大气污染防治的一项重要的基础性工作，为城市空气质量改善工作提供了有力的技术支撑。近年来，我国完善了一系列的监测手段，但是利用固定的监测站监测等传统空气监测手段存在监测维护成本高和监测范围有限等问题。为此，济南市建成运行了国内第一个出租车走航大气监测系统，将传感器安装在出租车顶灯内，利用出租车行驶范围广、灵活机动的特点，对城市空气质量进行实时监测，结合卫星定位生成可视化污染云图，直观呈现主城区道路污染状况，指导城市精准溯源空气污染，实现精细化管理。该系统能指导济南市道路空气治理精准执法、指导环卫部门精准清扫和抑制道路扬尘，同时为重点区域重点治理提供数据支撑。

出租车走航大气监测系统由数据采集端、数据分析端和数据展示平台（PC 端和手机端）组成，运用模拟校准、现场校准、交叉干扰修正、云校准等数据质量控制方法保证监测数据的可靠性。

数据采集端的核心是多通道粒谱传感器，能够对突发污染或典型的污染天进行精细化分析，可实现对不同道路或区域污染源进行判定和解析，为政府部门扬尘治理宏观把控和精准治污提供数据支撑。

出租车走航大气监测云平台对历史数据进行智能校正、分析与储存，选取时间节点后能显示过去 1 小时、1 天、1 周、1 个月的污染物平均值并形成污染云图，污染云图能同步标准站点的数据进行比对，也能对路段进行污染、清洁排名。数据采集端将采集到的数据传输给系统云平台，云平台能识别出异常数据，通过智能分析，将异常原因分为子传感器故障和空气污染。

出租车走航大气监测系统的数据展示平台将 PM_{10}、$PM_{2.5}$ 等 8 类监测数据以污染云图的形式呈现，分为 PC 端和手机端。污染云图中根据街道空气质量的优劣分为绿色、黄色、橙色、红色，绿色表示空气质量为优，黄色为良，橙色代表轻微污染，红色代表严重污染。通过对实时数据的监测，能及时监控突发污染的发生位置，精准锁定道路扬尘污染源头，使道路扬尘污染防治真正细化到街镇及路段。

出租车走航大气监测系统在济南市的顺利实施，为其他城市提供了可靠的治理经验。

2019年9月20日，山东日照出租车走航大气颗粒物监测系统启用。在日照市环境监控中心大屏幕上，100辆加装监测设备的出租车走航传回的数据实时呈现，主城区692个监测路段颗粒物污染状况一目了然。根据城市道路扬尘走航监测，2024年4月15—21日日照市区颗粒物污染较重的路段为和阳南路、深圳路、日照路、泰康街、日照南路、海滨一路、林家滩商业街、银河路等道路所属的部分路段。污染最重的路段是开发区和阳南路的常州路至深圳路路段，PM_{10} 监测平均值为149微克/米^3。

（三）生态环境智慧分析平台

1. 北京市大气三监联动精准治污调度平台

北京市以实现首都空气质量持续改善为核心目标，探索出充分发挥全局各部门力量、协同高效的"监测—监察—监管"三监联动工作机制，并依托工作机制，建设北京市大气三监联动精准治污调度平台。建设大气三监联动精准治污调度平台，依托多源数据汇聚，实现20余类污染高值问题线索智能分析溯源追踪，并应用于冬奥会等多次重大活动空气质量保障。

北京市大气三监联动精准治污调度平台的搭建：一是监测方面，集成了自动、企业用电、卫星遥感、工地视频、走航、OBD远程监控等监测手段，智能感知并汇聚了空气质量、污染源排放、社会宏观经济运行等多源大气环境数据；二是监察方面，实现了20余类环境及污染源问题线索的智能挖掘，包括环境高值热点、超标排放、违规运行等，问题发现率提升至小时级；三是监管方面，搭建了基于问题线索的"挖掘—推送—反馈—办结—整改"闭环调度功能模块，建立了以反馈率、办结率、查实率"三率"为基础的市、区两级监测、监察、监管多部门的信息流转与协同调度体系。最终形成"智能感知—精准溯源—三监联动—市区协同"的新型治理体系新模式，监管效能提升超过 50%，并应用于冬奥会、冬残奥会、党的二十大、"一带一路"等多次国内外重大活动空气质量保障工作。

2. 浙江省大气环境监测预报预警平台

平台基于人工智能的污染预报、溯源和污染减排调控技术，构建监测网络质控运维、监测数据审核管理、大气污染源清单、大气模式模型、多源数据融合分析五大工具模块，创建了空气质量评价、污染态势特征评估、空气质量预报预警、污染防治决策支撑和亚运保障五大应用场景，全方位满足空气质量全面改善的技术支撑需求。

搭建浙江省大气环境监测预报预警平台：一是完成了动态大气污染源清单及反演清单的编制，实现省清单准实时动态更新，建立最高时间分辨率 1 小时、最高空间分辨率 1 千米×1 千米的大气污染源清单；二是大气污染治理策略智能生成，平台通过逐小时滚动预报全省环境空气质量和历史过程相似案例智能检索匹配，综合研判，最终制定大气污染治理策略。实现污染内外源识别、行业诊断和传输影响分析，具体量化站点周边分行业的重点排放企业的污染贡献。实现了在线类 PPT 编辑、演示功能，实现平台分析页面和图表的自由拖拽及数据自动更新等功能。

3. 江苏省工业园区污染物排放限值限量管理系统

为达到"源头治理，减污降碳"管理需求，摸清园区污染物排放总量底数，构建以在线监控数据为依据的总量核算体系，江苏省搭建了工业园区污染物排放限值限量管理系统。

搭建工业园区污染物排放限值限量管理系统：一是完善省级及以上工业园区监测监控能力建设；二是构建基于在线监控数据的总量核算和排污总量反演体系；三是建立江苏省环境质量与工业园区污染排放总量动态管控平台。推进 168 个省级及以上工业园区自动监测站点建设，园区中 6 700 余家单位安装污染物自动监测设备，为总量核算筑牢基础。利用监测监控数据核算固定源排放总量，结合实际产能和环评批复量核算等方法核算工业园区污染物实际排放总量，研发大气污染物实际排放量核算方法，有效支撑江苏省动态排放总量管控。基于生态环境大数据平台实现省、市、园区多级环境质量与污染排放联动分析、排放总量实时展示及动态管理，为各级政府开展污染排放动态管控提供有效支撑，建立政府环保数字化服务引擎。

（四）生态环境智慧管理平台

1. 贵州省生态环境监测业务"垂管"智能化管理系统

贵州省立足生态环境监测"支撑、引领、服务"三大定位，聚焦监测机构"垂管"效能发挥不足问题，充分依靠"微服务""大数据"等先进技术和智能化手段，有效激活监测机构"垂管"效能，提升了生态环境监测水平，更好地服务环境管理决策。

系统的搭建：一是建设生态环境监测业务管理系统（LIMS），

提高环境质量常规监测业务的工作效率和管理效能，实现环境监测业务全过程的信息化生产和全生命周期的监控管理，实现对监测数据的事前、事中、事后的全过程质控。实现省、市两级环境质量常规监测业务由手工生产向信息化生产转变。二是建设生态环境监测业务协同管理系统，落实贵州省生态环境厅对全省生态环境监测工作的垂直管理，将贵州省生态环境厅、贵州省生态环境监测中心、驻市州生态环境监测中心上下贯通、统一衔接为一个"垂管"体系，改变省、市两级生态环境监测中心监测和监管脱节的现状，实现从监测计划下达、监测计划执行跟踪、监测任务执行跟踪、监测数据上报跟踪，自上而下的监管和自下而上的信息反馈。实现省、市两级生态环境监测中心业务协同化和测管一体化。

2. 上海市生态环境监测社会化服务机构智慧监管平台

上海市建设生态环境监测社会化服务机构智慧监管平台，围绕提高环境监测数据质量的核心目标，开展环境监测社会化服务机构信用监管与风险预警，加强监测活动全流程追溯，规范生态环境监测社会化服务行为。建立健全市、区两级环境监测社会化服务机构联合监管机制。持续以智能化、数字化手段实现生态环境监测监管模式革新。

平台建设与传统的监管模式相比有所创新：一是转变监管模式，提升过程监管能力。由过去传统、单点现场人工核查方式向全过程监管、"互联网+监管"和智能化监管转变，贯彻了既"无事不扰"又"无处不在"的监管要求，在增强监管威慑力、降低企业合规成本、提高违规成本的前提下，提升检测活动过程感知能力。二是利用数字化非现场检查手段提升监管效率。以往人工核查等手段，质量检查覆盖率不足 0.4%。应用监管平台后可通过数据分析和大数据算法等非现场检查的手段对上报的监管数据进行全面的筛查，实现数据异常预警；通过算法模型，自动识别社会化检测机构异常数据，提升机构风险预警评估能力，让检测机构不敢作假，引领社会化检测机构健康发展。三是全市监管业务"一盘棋"，推进监测行业数字化转型。基于系统建立健全了市、区两级环境监测社会化服务机构联合监管机制，形成全市业务"一盘棋"。推进了监管业务流程再造，上海环境监测机构已主动进行备案和业务填报，并通过信用评估，助力生态环境检验检测业务数字化转型。

3. 长沙市环境空气监测智能站房和智慧管理平台

长沙市建设环境空气监测智能站房和智慧管理平台，应用"工业互联网+大数据"等技术，实现实时监控、远程质控、研判预警、全程留痕等。全面提高运维质控规范性、时效性，减少人为干预。

搭建智能站房和智慧管理平台：一是对站房进行升级改造，实现自动化运维。对环境空气质量自动监测实施全程序全过程的质量保证和质量控制并逐步向自动化、物联化的人机运维/实时质控模式发展，实现对大气监测现场端参数监测运行、仪器设备质控、人员运维操作、监督检查情况及其他异常情况的远程质控、实时监控、研判预警、全程留痕等；二是建设环境空气质量监测智慧管理平台，通过运行状况、站点管理、运维管理、质量控制、智慧质控、考核管理、设备管理、综合分析等功能模块，实现对站房的远程交互与运维质控。实现站房视频监控的自动化识别、异常报警等功能。

第七章 《"保护长江"环保课堂知识读物》宣传画

一、长江流域现状及其自然保护区

作品名称：《保护长江》

作者：季晓天（重庆交通大学经济与管理学院工程管理专业 2022 级）

宣传标语："手"护长江，让江豚在人类的呵护下无忧无虑地生活。

作品名称：《我为长江捡垃圾》

作者： 陈聪聪（重庆交通大学河海学院土木水利专业硕士研究生
    2022 级）

宣传标语： 保护长江，人人有责。

作品名称：《"手"护长江》

作者： 彭琳（重庆交通大学河海学院环境科学与工程专业硕士研究
    生 2023 级）

宣传标语： 长江美如画，守护长江靠大家。

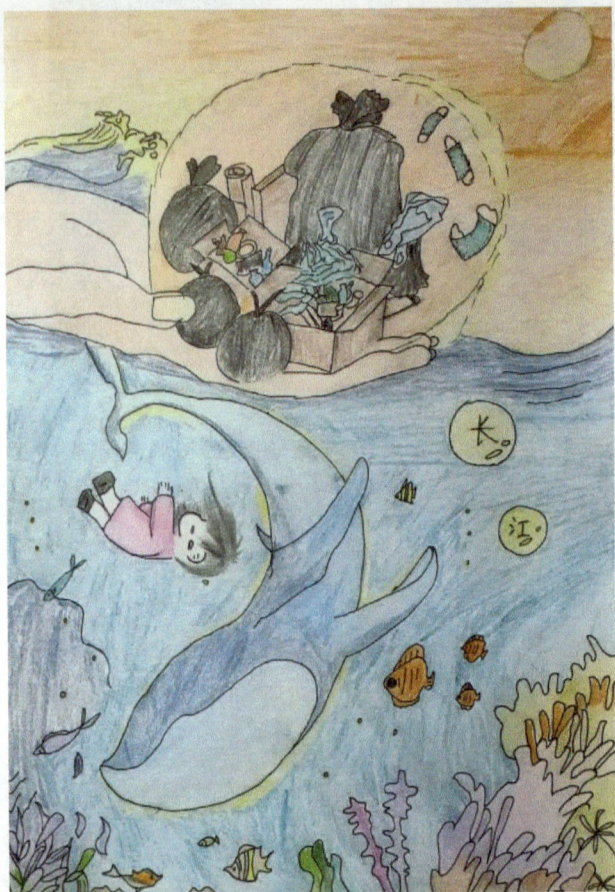

作品名称：《人与自然的相互救赎》

作者：陈敏（重庆交通大学经济与管理学院工商管理专业 2022 级）

宣传标语：共创美丽家园，同享碧水蓝天。

二、探寻长江之珍，守护生命多彩

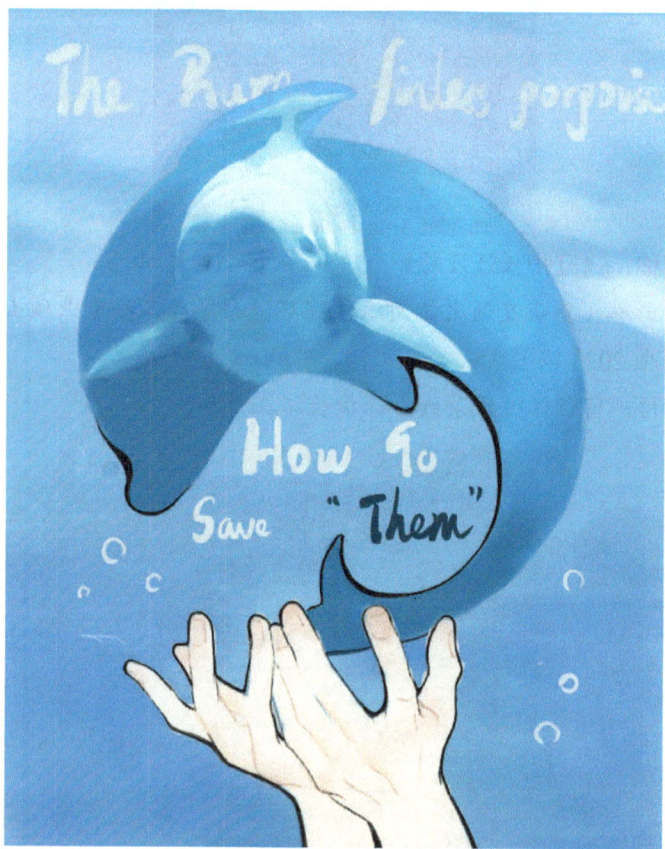

作品名称：《How to save "them"》

作者：李思颖（重庆交通大学艺术设计学院产品设计专业 2022 级）

宣传标语：江豚的微笑最美，请不要让它们的微笑变成哭泣。

作品名称：《守护长江江豚》

作者：彭琳（重庆交通大学河海学院环境科学与工程专业硕士研究
生 2023 级）

宣传标语：留住江畔风景线，保护长江在行动。

作品名称：《为所有生命，构建共同的未来》

作者：彭琳（重庆交通大学河海学院环境科学与工程专业硕士研究
生 2023 级）

宣传标语：保护生物多样性，构建和谐家园。

作品名称：《鲟护长江》

作者：王依婷（重庆交通大学艺术设计学院视觉传达设计专业
　　　2022 级）

宣传标语：江河护豚鲟，你我护长江。

三、拒绝"白色污染"，共创绿色家园

作品名称：《呼吸》

作者：龚美文（重庆交通大学经济与管理学院知识产权专业2022级）

宣传标语：携手治理"白色污染"，创建生态和谐家园。

作品名称：《地球的最后一棵树》

作者：徐一嫣（四川美术学院）

宣传标语：减少"白色污染"，保护生存环境。

四、低碳生活，从我做起

作品名称：《低碳世界》

作者：徐一嫣（四川美术学院）

宣传标语：让长江多一点绿色，低碳出行，与地球共呼吸。

作品名称：《绿色出行、低碳生活》

作者：贺万壮（重庆交通大学河海学院环境科学与工程专业硕士
　　　研究生 2023 级）

宣传标语：节尽所能，碳寻未来。

作品名称：《绿色出行》

作者：彭琳（重庆交通大学河海学院环境科学与工程专业硕士研究生 2023 级）

宣传标语：绿色出行，倾听自然。

作品名称：《绿色交通行》

作者： 王双喜（重庆交通大学河海学院土木水利专业硕士研究生 2023 级）

宣传标语： 绿色交通行，为健康加码，为地球减负，让我们携手驶 向可持续未来！

作品名称：《新征程，"新"守护》

作者：张蕊荔（重庆交通大学旅游与传媒学院广播电视学专业 2022 级）

宣传标语：蓝天白云，水清岸绿，海清河晏，你我共创。

作品名称：《低碳环保，绿建未来》

作者：彭琳（重庆交通大学河海学院环境科学与工程专业硕士研究
生 2023 级）

宣传标语：开展低碳行动，让江河永不干枯。

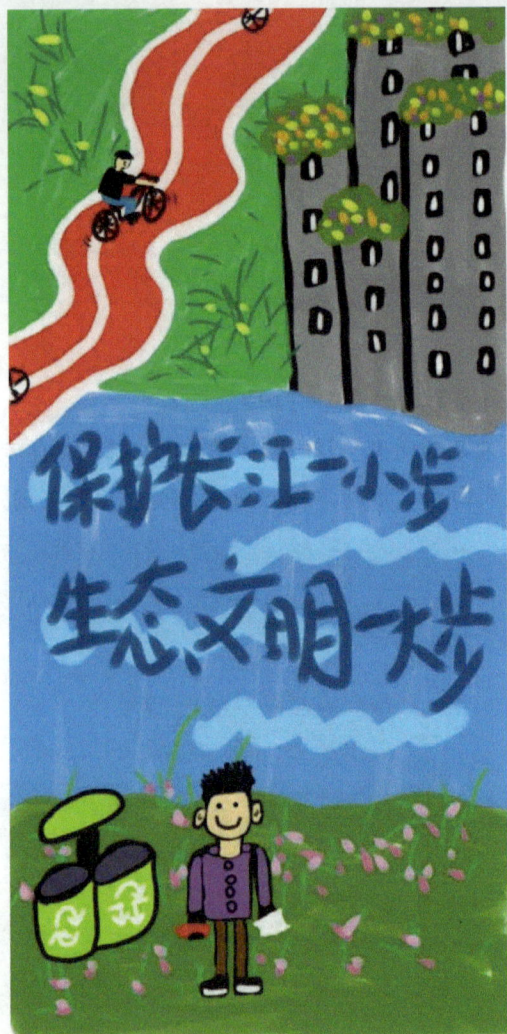

作品名称：《行动》

作者：涂杨萍（重庆交通大学河海学院土木水利专业硕士研究生
　　2022 级）

宣传标语：保护长江一小步，生态文明一大步。

五、辐射及其防护

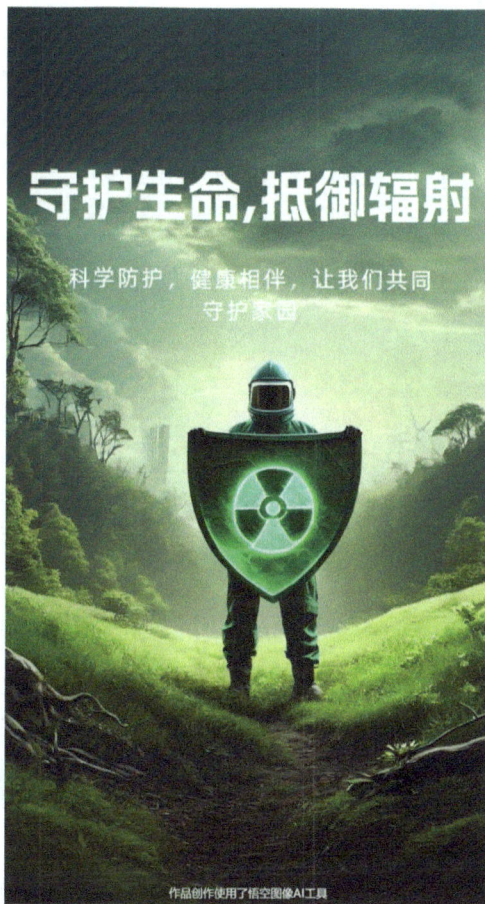

作品名称：《守护生命，抵御辐射》

作者：黄龙浩（重庆交通大学河海学院环境科学与工程专业硕士研究生 2023 级）

宣传标语：科学防护，健康相伴，让我们共同守护家园。

作品名称：《珍爱生命，远离辐射》

作者： 黄龙浩（重庆交通大学河海学院环境科学与工程专业硕士研究生 2023 级）

宣传标语： 辐射无处不在，防护意识不可少。

六、科技与环保

作品名称：《开往绿色未来》

作者：徐一嫣（四川美术学院）

宣传标语：科技引领环保。

作品名称：《绿色科技》

作者：彭琳（重庆交通大学河海学院环境科学与工程专业硕士研究
　　　生 2023 级）

宣传标语：绿色科技，共创美好环境。

作品名称：《"变身"》

作者：涂杨萍（重庆交通大学土木水利专业硕士研究生 2022 级）

宣传标语：科技助力，让长江"大变身"。

七、其他（其他环保类宣传画）

作者名称：《灌溉》

作者：陆荟如（重庆交通大学土木工程学院生态力学专业 2022 级）

宣传标语：汇聚水滴，滋润地球家园。

作品名称： 《依法治理非法排污》

作者： 彭琳（重庆交通大学河海学院环境科学与工程专业硕士研究
生 2023 级）

宣传标语： 治污连着你我他，碧水蓝天靠大家。

作品名称： 《自然全家福》

作者： 徐一嫣（四川美术学院）

宣传标语： 不负青山绿水，共护自然之美。

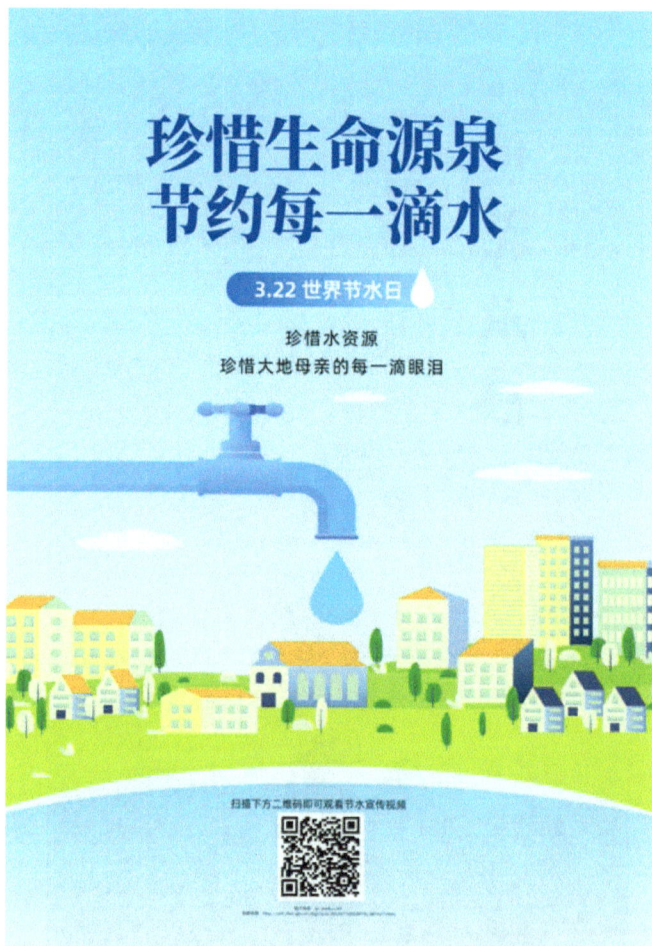

作品名称:《滴滴之水不易来,点点滴滴是未来》

作者:陈秋月(重庆交通大学资源与环境专业硕士研究生 2023 级)

宣传标语:滴水轻,生命重。

作品名称：《珍惜水资源》

作者：吴雨霞（重庆交通大学资源与环境专业硕士研究生 2023 级）

宣传标语：一起行动，节约用水。

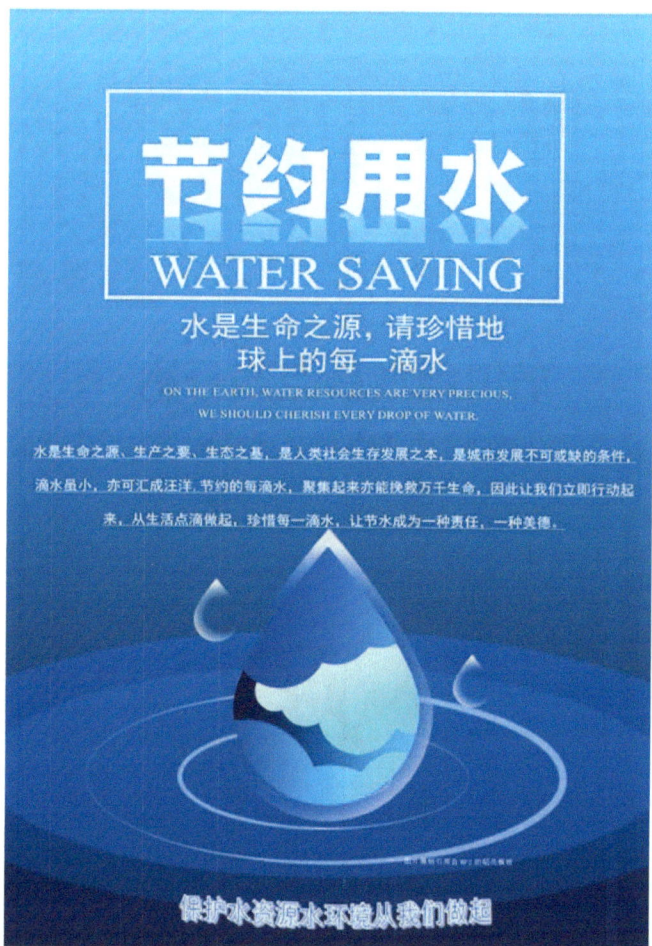

作品名称：《节约用水》

作者：肖鹏（重庆交通大学河海学院环境科学与工程专业硕士研究生 2023 级）

宣传标语：水是生命之源，请珍惜地球上的每一滴水。

作品名称：《珍惜水源，从我做起》

作者：王双喜（重庆交通大学河海学院土木水利专业硕士研究生 2023级）

宣传标语：节水从我做起，爱护水资源，共同呵护蓝色星球。

附 录 相关法律法规

一、法 律

　　法律是由国家制定或认可并以国家强制力保证实施的，反映由特定物质生活条件所决定的统治阶级意志的规范体系（《思想道德修养与法律基础》编写组，2018）。广义的"法律"可以划分为宪法、法律、行政法规、地方性法规、自治条例和单行条例。狭义的"法律"，在我国是专门指由全国人民代表大会及其常委会依照立法程序制定，由国家主席签署公布的规范性文件（不包括宪法），也不包括行政法规、地方性法规、自治条例和单行条例等，其法律效力仅次于宪法，一般均以"法"字配称，如《中华人民共和国宪法》《中华人民共和国民法典》《中华人民共和国婚姻法》等。狭义的"法律"是从属于宪法的强制性规范，是宪法的具体化；宪法是国家法的基础与核心，法律则是国家法的重要组成部分。

中华人民共和国长江保护法

(2020年12月26日第十三届全国人民代表大会常务委员会第二十四次会议通过)

目 录

第一章　总　则

第一条　为了加强长江流域生态环境保护和修复，促进资源合理高效利用，保障生态安全，实现人与自然和谐共生、中华民族永续发展，制定本法。

第二条　在长江流域开展生态环境保护和修复以及长江流域各类生产生活、开发建设活动，应当遵守本法。

本法所称长江流域，是指由长江干流、支流和湖泊形成的集水区域所涉及的青海省、四川省、西藏自治区、云南省、重庆市、湖北省、湖南省、江西省、安徽省、江苏省、上海市，以及甘肃省、陕西省、河南省、贵州省、广西壮族自治区、广东省、浙江省、福建省的相关县级行政区域。

第三条　长江流域经济社会发展，应当坚持生态优先、绿色发展，共抓大保护、不搞大开发；长江保护应当坚持统筹协调、科学规划、创新驱动、系统治理。

第四条　国家建立长江流域协调机制，统一指导、统筹协调长江保护工作，审议长江保护重大政策、重大规划，协调跨地区跨部门重大事项，督促检查长江保护重要工作的落实情况。

第五条　国务院有关部门和长江流域省级人民政府负责落实国家长江流域协调机制的决策，按照职责分工负责长江保护相关工作。

长江流域地方各级人民政府应当落实本行政区域的生态环境保护和修复、促进资源合理高效利用、优化产业结构和布局、维护长江流域生态安全的责任。

长江流域各级河湖长负责长江保护相关工作。

第六条　长江流域相关地方根据需要在地方性法规和政府规章制定、规划编制、监督执法等方面建立协作机制，协同推进长江流域生态环境保护和修复。

第七条　国务院生态环境、自然资源、水行政、农业农村和标准化等有关主管部门按照职责分工，建立健全长江流域水环境质量和污染物排放、生态环境修复、水资源节约集约利用、生态流量、生物多样性保护、水产养殖、防灾减灾等标准体系。

第八条　国务院自然资源主管部门会同国务院有关部门定期组织长江流域土地、矿产、水流、森林、草原、湿地等自然资源状况调查，建立资源基础数据库，开展资源环境承载能力评价，并向社会公布长江流域自然资源状况。

国务院野生动物保护主管部门应当每十年组织一次野生动物及其栖息地状况普查，或者根据需要组织开展专项调查，建立野生动物资源档案，并向社会公布长江流域野生动物资源状况。

长江流域县级以上地方人民政府农业农村主管部门会同本级人民政府有关部门对水生生物产卵场、索饵场、越冬场和洄游通道等重要栖息地开展生物多样性调查。

第九条　国家长江流域协调机制应当统筹协调国务院有关部门在已经建立的台站和监测项目基础上，健全长江流域生态环境、资源、水文、气象、航运、自然灾害等监测网络体系和监测信息共享机制。

国务院有关部门和长江流域县级以上地方人民政府及其有关部门按照职责分工，组织完善生态环境风险报告和预警机制。

第十条　国务院生态环境主管部门会同国务院有关部门和长江流域省级人民政府建立健全长江流域突发生态环境事件应急联动工作机制，与国家突发事件应急体系相衔接，加强对长江流域船舶、港口、矿山、化工厂、尾矿库等发生的突发生态环境事件的应急管理。

第十一条　国家加强长江流域洪涝干旱、森林草原火灾、地质灾害、地震等灾害的监测预报预警、防御、应急处置与恢复重建体系建设，提高防灾、减灾、抗灾、救灾能力。

第十二条　国家长江流域协调机制设立专家咨询委员会，组织专业机构和人员对长江流域重大发展战略、政策、规划等开展科学技术等专业咨询。

国务院有关部门和长江流域省级人民政府及其有关部门按照职责分工，组织开展长江流域建设项目、重要基础设施和产业布局相关规划等对长江流域生态系统影响的第三方评估、分析、论证等工作。

第十三条 国家长江流域协调机制统筹协调国务院有关部门和长江流域省级人民政府建立健全长江流域信息共享系统。国务院有关部门和长江流域省级人民政府及其有关部门应当按照规定，共享长江流域生态环境、自然资源以及管理执法等信息。

第十四条 国务院有关部门和长江流域县级以上地方人民政府及其有关部门应当加强长江流域生态环境保护和绿色发展的宣传教育。

新闻媒体应当采取多种形式开展长江流域生态环境保护和绿色发展的宣传教育，并依法对违法行为进行舆论监督。

第十五条 国务院有关部门和长江流域县级以上地方人民政府及其有关部门应当采取措施，保护长江流域历史文化名城名镇名村，加强长江流域文化遗产保护工作，继承和弘扬长江流域优秀特色文化。

第十六条 国家鼓励、支持单位和个人参与长江流域生态环境保护和修复、资源合理利用、促进绿色发展的活动。

对在长江保护工作中做出突出贡献的单位和个人，县级以上人民政府及其有关部门应当按照国家有关规定予以表彰和奖励。

第二章 规划与管控

第十七条 国家建立以国家发展规划为统领，以空间规划为基础，以专项规划、区域规划为支撑的长江流域规划体系，充分发挥规划对推进长江流域生态环境保护和绿色发展的引领、指导和约束作用。

第十八条 国务院和长江流域县级以上地方人民政府应当将长

江保护工作纳入国民经济和社会发展规划。

国务院发展改革部门会同国务院有关部门编制长江流域发展规划，科学统筹长江流域上下游、左右岸、干支流生态环境保护和绿色发展，报国务院批准后实施。

长江流域水资源规划、生态环境保护规划等依照有关法律、行政法规的规定编制。

第十九条　国务院自然资源主管部门会同国务院有关部门组织编制长江流域国土空间规划，科学有序统筹安排长江流域生态、农业、城镇等功能空间，划定生态保护红线、永久基本农田、城镇开发边界，优化国土空间结构和布局，统领长江流域国土空间利用任务，报国务院批准后实施。涉及长江流域国土空间利用的专项规划应当与长江流域国土空间规划相衔接。

长江流域县级以上地方人民政府组织编制本行政区域的国土空间规划，按照规定的程序报经批准后实施。

第二十条　国家对长江流域国土空间实施用途管制。长江流域县级以上地方人民政府自然资源主管部门依照国土空间规划，对所辖长江流域国土空间实施分区、分类用途管制。

长江流域国土空间开发利用活动应当符合国土空间用途管制要求，并依法取得规划许可。对不符合国土空间用途管制要求的，县级以上人民政府自然资源主管部门不得办理规划许可。

第二十一条　国务院水行政主管部门统筹长江流域水资源合理配置、统一调度和高效利用，组织实施取用水总量控制和消耗强度控制管理制度。

国务院生态环境主管部门根据水环境质量改善目标和水污染防治要求，确定长江流域各省级行政区域重点污染物排放总量控制指标。长江流域水质超标的水功能区，应当实施更严格的污染物排放总量削减要求。企业事业单位应当按照要求，采取污染物排放总量控制措施。

国务院自然资源主管部门负责统筹长江流域新增建设用地总量控制和计划安排。

第二十二条 长江流域省级人民政府根据本行政区域的生态环境和资源利用状况，制定生态环境分区管控方案和生态环境准入清单，报国务院生态环境主管部门备案后实施。生态环境分区管控方案和生态环境准入清单应当与国土空间规划相衔接。

长江流域产业结构和布局应当与长江流域生态系统和资源环境承载能力相适应。禁止在长江流域重点生态功能区布局对生态系统有严重影响的产业。禁止重污染企业和项目向长江中上游转移。

第二十三条 国家加强对长江流域水能资源开发利用的管理。因国家发展战略和国计民生需要，在长江流域新建大中型水电工程，应当经科学论证，并报国务院或者国务院授权的部门批准。

对长江流域已建小水电工程，不符合生态保护要求的，县级以上地方人民政府应当组织分类整改或者采取措施逐步退出。

第二十四条 国家对长江干流和重要支流源头实行严格保护，设立国家公园等自然保护地，保护国家生态安全屏障。

第二十五条 国务院水行政主管部门加强长江流域河道、湖泊保护工作。长江流域县级以上地方人民政府负责划定河道、湖泊管理范围，并向社会公告，实行严格的河湖保护，禁止非法侵占河湖水域。

第二十六条 国家对长江流域河湖岸线实施特殊管制。国家长江流域协调机制统筹协调国务院自然资源、水行政、生态环境、住房和城乡建设、农业农村、交通运输、林业和草原等部门和长江流域省级人民政府划定河湖岸线保护范围，制定河湖岸线保护规划，严格控制岸线开发建设，促进岸线合理高效利用。

禁止在长江干支流岸线一公里范围内新建、扩建化工园区和化工项目。

禁止在长江干流岸线三公里范围内和重要支流岸线一公里范围内新建、改建、扩建尾矿库；但是以提升安全、生态环境保护水平为目的的改建除外。

第二十七条　国务院交通运输主管部门会同国务院自然资源、水行政、生态环境、农业农村、林业和草原主管部门在长江流域水生生物重要栖息地科学划定禁止航行区域和限制航行区域。

禁止船舶在划定的禁止航行区域内航行。因国家发展战略和国计民生需要，在水生生物重要栖息地禁止航行区域内航行的，应当由国务院交通运输主管部门商国务院农业农村主管部门同意，并应当采取必要措施，减少对重要水生生物的干扰。

严格限制在长江流域生态保护红线、自然保护地、水生生物重要栖息地水域实施航道整治工程；确需整治的，应当经科学论证，并依法办理相关手续。

第二十八条　国家建立长江流域河道采砂规划和许可制度。长江流域河道采砂应当依法取得国务院水行政主管部门有关流域管理机构或者县级以上地方人民政府水行政主管部门的许可。

国务院水行政主管部门有关流域管理机构和长江流域县级以上地方人民政府依法划定禁止采砂区和禁止采砂期，严格控制采砂区域、采砂总量和采砂区域内的采砂船舶数量。禁止在长江流域禁止采砂区和禁止采砂期从事采砂活动。

国务院水行政主管部门会同国务院有关部门组织长江流域有关地方人民政府及其有关部门开展长江流域河道非法采砂联合执法工作。

第三章 资源保护

第二十九条 长江流域水资源保护与利用，应当根据流域综合规划，优先满足城乡居民生活用水，保障基本生态用水，并统筹农业、工业用水以及航运等需要。

第三十条 国务院水行政主管部门有关流域管理机构商长江流域省级人民政府依法制定跨省河流水量分配方案，报国务院或者国务院授权的部门批准后实施。制定长江流域跨省河流水量分配方案应当征求国务院有关部门的意见。长江流域省级人民政府水行政主管部门制定本行政区域的长江流域水量分配方案，报本级人民政府批准后实施。

国务院水行政主管部门有关流域管理机构或者长江流域县级以上地方人民政府水行政主管部门依据批准的水量分配方案，编制年度水量分配方案和调度计划，明确相关河段和控制断面流量水量、水位管控要求。

第三十一条 国家加强长江流域生态用水保障。国务院水行政主管部门会同国务院有关部门提出长江干流、重要支流和重要湖泊控制断面的生态流量管控指标。其他河湖生态流量管控指标由长江流域县级以上地方人民政府水行政主管部门会同本级人民政府有关部门确定。

国务院水行政主管部门有关流域管理机构应当将生态水量纳入年度水量调度计划，保证河湖基本生态用水需求，保障枯水期和鱼类产卵期生态流量、重要湖泊的水量和水位，保障长江河口咸淡水平衡。

长江干流、重要支流和重要湖泊上游的水利水电、航运枢纽等工程应当将生态用水调度纳入日常运行调度规程，建立常规生态调度机制，保证河湖生态流量；其下泄流量不符合生态流量泄放要求的，由县级以上人民政府水行政主管部门提出整改措施并监督实施。

第三十二条 国务院有关部门和长江流域地方各级人民政府应当采取措施，加快病险水库除险加固，推进堤防和蓄滞洪区建设，提升洪涝灾害防御工程标准，加强水工程联合调度，开展河道泥沙观测和河势调查，建立与经济社会发展相适应的防洪减灾工程和非工程体系，提高防御水旱灾害的整体能力。

第三十三条 国家对跨长江流域调水实行科学论证，加强控制和管理。实施跨长江流域调水应当优先保障调出区域及其下游区域的用水安全和生态安全，统筹调出区域和调入区域用水需求。

第三十四条 国家加强长江流域饮用水水源地保护。国务院水行政主管部门会同国务院有关部门制定长江流域饮用水水源地名录。长江流域省级人民政府水行政主管部门会同本级人民政府有关部门制定本行政区域的其他饮用水水源地名录。

长江流域省级人民政府组织划定饮用水水源保护区，加强饮用水水源保护，保障饮用水安全。

第三十五条 长江流域县级以上地方人民政府及其有关部门应当合理布局饮用水水源取水口，制定饮用水安全突发事件应急预案，加强饮用水备用应急水源建设，对饮用水水源的水环境质量进行实时监测。

第三十六条 丹江口库区及其上游所在地县级以上地方人民政府应当按照饮用水水源地安全保障区、水质影响控制区、水源涵养生态建设区管理要求，加强山水林田湖草整体保护，增强水源涵养能力，保障水质稳定达标。

第三十七条 国家加强长江流域地下水资源保护。长江流域县级以上地方人民政府及其有关部门应当定期调查评估地下水资源状况，监测地下水水量、水位、水环境质量，并采取相应风险防范措施，保障地下水资源安全。

第三十八条　国务院水行政主管部门会同国务院有关部门确定长江流域农业、工业用水效率目标，加强用水计量和监测设施建设；完善规划和建设项目水资源论证制度；加强对高耗水行业、重点用水单位的用水定额管理，严格控制高耗水项目建设。

第三十九条　国家统筹长江流域自然保护地体系建设。国务院和长江流域省级人民政府在长江流域重要典型生态系统的完整分布区、生态环境敏感区以及珍贵野生动植物天然集中分布区和重要栖息地、重要自然遗迹分布区等区域，依法设立国家公园、自然保护区、自然公园等自然保护地。

第四十条　国务院和长江流域省级人民政府应当依法在长江流域重要生态区、生态状况脆弱区划定公益林，实施严格管理。国家对长江流域天然林实施严格保护，科学划定天然林保护重点区域。

长江流域县级以上地方人民政府应当加强对长江流域草原资源的保护，对具有调节气候、涵养水源、保持水土、防风固沙等特殊作用的基本草原实施严格管理。

国务院林业和草原主管部门和长江流域省级人民政府林业和草原主管部门会同本级人民政府有关部门，根据不同生态区位、生态系统功能和生物多样性保护的需要，发布长江流域国家重要湿地、地方重要湿地名录及保护范围，加强对长江流域湿地的保护和管理，维护湿地生态功能和生物多样性。

第四十一条　国务院农业农村主管部门会同国务院有关部门和长江流域省级人民政府建立长江流域水生生物完整性指数评价体系，组织开展长江流域水生生物完整性评价，并将结果作为评估长江流域生态系统总体状况的重要依据。长江流域水生生物完整性指数应当与长江流域水环境质量标准相衔接。

第四十二条 国务院农业农村主管部门和长江流域县级以上地方人民政府应当制定长江流域珍贵、濒危水生野生动植物保护计划，对长江流域珍贵、濒危水生野生动植物实行重点保护。

国家鼓励有条件的单位开展对长江流域江豚、白鱀豚、白鲟、中华鲟、长江鲟、鲥、鳁、四川白甲鱼、川陕哲罗鲑、胭脂鱼、鳤、圆口铜鱼、多鳞白甲鱼、华鲮、鲈鲤和葛仙米、弧形藻、眼子菜、水菜花等水生野生动植物生境特征和种群动态的研究，建设人工繁育和科普教育基地，组织开展水生生物救护。

禁止在长江流域开放水域养殖、投放外来物种或者其他非本地物种种质资源。

第四章 水污染防治

第四十三条 国务院生态环境主管部门和长江流域地方各级人民政府应当采取有效措施，加大对长江流域的水污染防治、监管力度，预防、控制和减少水环境污染。

第四十四条 国务院生态环境主管部门负责制定长江流域水环境质量标准，对国家水环境质量标准中未作规定的项目可以补充规定；对国家水环境质量标准中已经规定的项目，可以作出更加严格的规定。制定长江流域水环境质量标准应当征求国务院有关部门和有关省级人民政府的意见。长江流域省级人民政府可以制定严于长江流域水环境质量标准的地方水环境质量标准，报国务院生态环境主管部门备案。

第四十五条 长江流域省级人民政府应当对没有国家水污染物排放标准的特色产业、特有污染物，或者国家有明确要求的特定水污染源或者水污染物，补充制定地方水污染物排放标准，报国务院生态环境主管部门备案。

有下列情形之一的，长江流域省级人民政府应当制定严于国家水污染物排放标准的地方水污染物排放标准，报国务院生态环境主管部门备案：

（一）产业密集、水环境问题突出的；

（二）现有水污染物排放标准不能满足所辖长江流域水环境质量要求的；

（三）流域或者区域水环境形势复杂，无法适用统一的水污染物排放标准的。

第四十六条 长江流域省级人民政府制定本行政区域的总磷污染控制方案，并组织实施。对磷矿、磷肥生产集中的长江干支流，有关省级人民政府应当制定更加严格的总磷排放管控要求，有效控制总磷排放总量。

磷矿开采加工、磷肥和含磷农药制造等企业，应当按照排污许可要求，采取有效措施控制总磷排放浓度和排放总量；对排污口和周边环境进行总磷监测，依法公开监测信息。

第四十七条 长江流域县级以上地方人民政府应当统筹长江流域城乡污水集中处理设施及配套管网建设，并保障其正常运行，提高城乡污水收集处理能力。

长江流域县级以上地方人民政府应当组织对本行政区域的江河、湖泊排污口开展排查整治，明确责任主体，实施分类管理。

在长江流域江河、湖泊新设、改设或者扩大排污口，应当按照国家有关规定报经有管辖权的生态环境主管部门或者长江流域生态环境监督管理机构同意。对未达到水质目标的水功能区，除污水集中处理设施排污口外，应当严格控制新设、改设或者扩大排污口。

第四十八条 国家加强长江流域农业面源污染防治。长江流域农业生产应当科学使用农业投入品，减少化肥、农药施用，推广有机肥使用，科学处置农用薄膜、农作物秸秆等农业废弃物。

第四十九条　禁止在长江流域河湖管理范围内倾倒、填埋、堆放、弃置、处理固体废物。长江流域县级以上地方人民政府应当加强对固体废物非法转移和倾倒的联防联控。

第五十条　长江流域县级以上地方人民政府应当组织对沿河湖垃圾填埋场、加油站、矿山、尾矿库、危险废物处置场、化工园区和化工项目等地下水重点污染源及周边地下水环境风险隐患开展调查评估，并采取相应风险防范和整治措施。

第五十一条　国家建立长江流域危险货物运输船舶污染责任保险与财务担保相结合机制。具体办法由国务院交通运输主管部门会同国务院有关部门制定。

禁止在长江流域水上运输剧毒化学品和国家规定禁止通过内河运输的其他危险化学品。长江流域县级以上地方人民政府交通运输主管部门会同本级人民政府有关部门加强对长江流域危险化学品运输的管控。

第五章　生态环境修复

第五十二条　国家对长江流域生态系统实行自然恢复为主、自然恢复与人工修复相结合的系统治理。国务院自然资源主管部门会同国务院有关部门编制长江流域生态环境修复规划，组织实施重大生态环境修复工程，统筹推进长江流域各项生态环境修复工作。

第五十三条　国家对长江流域重点水域实行严格捕捞管理。在长江流域水生生物保护区全面禁止生产性捕捞；在国家规定的期限内，长江干流和重要支流、大型通江湖泊、长江河口规定区域等重点水域全面禁止天然渔业资源的生产性捕捞。具体办法由国务院农业农村主管部门会同国务院有关部门制定。

国务院农业农村主管部门会同国务院有关部门和长江流域省级人民政府加强长江流域禁捕执法工作，严厉查处电鱼、毒鱼、炸鱼等破坏渔业资源和生态环境的捕捞行为。

长江流域县级以上地方人民政府应当按照国家有关规定做好长江流域重点水域退捕渔民的补偿、转产和社会保障工作。

长江流域其他水域禁捕、限捕管理办法由县级以上地方人民政府制定。

第五十四条　国务院水行政主管部门会同国务院有关部门制定并组织实施长江干流和重要支流的河湖水系连通修复方案，长江流域省级人民政府制定并组织实施本行政区域的长江流域河湖水系连通修复方案，逐步改善长江流域河湖连通状况，恢复河湖生态流量，维护河湖水系生态功能。

第五十五条　国家长江流域协调机制统筹协调国务院自然资源、水行政、生态环境、住房和城乡建设、农业农村、交通运输、林业和草原等部门和长江流域省级人民政府制定长江流域河湖岸线修复规范，确定岸线修复指标。

长江流域县级以上地方人民政府按照长江流域河湖岸线保护规划、修复规范和指标要求，制定并组织实施河湖岸线修复计划，保障自然岸线比例，恢复河湖岸线生态功能。

禁止违法利用、占用长江流域河湖岸线。

第五十六条　国务院有关部门会同长江流域有关省级人民政府加强对三峡库区、丹江口库区等重点库区消落区的生态环境保护和修复，因地制宜实施退耕还林还草还湿，禁止施用化肥、农药，科学调控水库水位，加强库区水土保持和地质灾害防治工作，保障消落区良好生态功能。

第五十七条　长江流域县级以上地方人民政府林业和草原主管部门负责组织实施长江流域森林、草原、湿地修复计划，科学推进森林、草原、湿地修复工作，加大退化天然林、草原和受损湿地修复力度。

第五十八条　国家加大对太湖、鄱阳湖、洞庭湖、巢湖、滇池等重点湖泊实施生态环境修复的支持力度。

长江流域县级以上地方人民政府应当组织开展富营养化湖泊的生态环境修复，采取调整产业布局规模、实施控制性水工程统一调度、生态补水、河湖连通等综合措施，改善和恢复湖泊生态系统的质量和功能；对氮磷浓度严重超标的湖泊，应当在影响湖泊水质的汇水区，采取措施削减化肥用量，禁止使用含磷洗涤剂，全面清理投饵、投肥养殖。

第五十九条　国务院林业和草原、农业农村主管部门应当对长江流域数量急剧下降或者极度濒危的野生动植物和受到严重破坏的栖息地、天然集中分布区、破碎化的典型生态系统制定修复方案和行动计划，修建迁地保护设施，建立野生动植物遗传资源基因库，进行抢救性修复。

在长江流域水生生物产卵场、索饵场、越冬场和洄游通道等重要栖息地应当实施生态环境修复和其他保护措施。对鱼类等水生生物洄游产生阻隔的涉水工程应当结合实际采取建设过鱼设施、河湖连通、生态调度、灌江纳苗、基因保存、增殖放流、人工繁育等多种措施，充分满足水生生物的生态需求。

第六十条　国务院水行政主管部门会同国务院有关部门和长江河口所在地人民政府按照陆海统筹、河海联动的要求，制定实施长江河口生态环境修复和其他保护措施方案，加强对水、沙、盐、潮滩、生物种群的综合监测，采取有效措施防止海水入侵和倒灌，维护长江河口良好生态功能。

第六十一条　长江流域水土流失重点预防区和重点治理区的县级以上地方人民政府应当采取措施，防治水土流失。生态保护红线范围内的水土流失地块，以自然恢复为主，按照规定有计划地实施退耕还林还草还湿；划入自然保护地核心保护区的永久基本农田，依法有序退出并予以补划。

禁止在长江流域水土流失严重、生态脆弱的区域开展可能造成水土流失的生产建设活动。确因国家发展战略和国计民生需要建设的，应当经科学论证，并依法办理审批手续。

长江流域县级以上地方人民政府应当对石漠化的土地因地制宜采取综合治理措施，修复生态系统，防止土地石漠化蔓延。

第六十二条　长江流域县级以上地方人民政府应当因地制宜采取消除地质灾害隐患、土地复垦、恢复植被、防治污染等措施，加快历史遗留矿山生态环境修复工作，并加强对在建和运行中矿山的监督管理，督促采矿权人切实履行矿山污染防治和生态环境修复责任。

第六十三条　长江流域中下游地区县级以上地方人民政府应当因地制宜在项目、资金、人才、管理等方面，对长江流域江河源头和上游地区实施生态环境修复和其他保护措施给予支持，提升长江流域生态脆弱区实施生态环境修复和其他保护措施的能力。

国家按照政策支持、企业和社会参与、市场化运作的原则，鼓励社会资本投入长江流域生态环境修复。

第六章　绿色发展

第六十四条　国务院有关部门和长江流域地方各级人民政府应当按照长江流域发展规划、国土空间规划的要求，调整产业结构，优化产业布局，推进长江流域绿色发展。

第六十五条 国务院和长江流域地方各级人民政府及其有关部门应当协同推进乡村振兴战略和新型城镇化战略的实施，统筹城乡基础设施建设和产业发展，建立健全全民覆盖、普惠共享、城乡一体的基本公共服务体系，促进长江流域城乡融合发展。

第六十六条 长江流域县级以上地方人民政府应当推动钢铁、石油、化工、有色金属、建材、船舶等产业升级改造，提升技术装备水平；推动造纸、制革、电镀、印染、有色金属、农药、氮肥、焦化、原料药制造等企业实施清洁化改造。企业应当通过技术创新减少资源消耗和污染物排放。

长江流域县级以上地方人民政府应当采取措施加快重点地区危险化学品生产企业搬迁改造。

第六十七条 国务院有关部门会同长江流域省级人民政府建立开发区绿色发展评估机制，并组织对各类开发区的资源能源节约集约利用、生态环境保护等情况开展定期评估。

长江流域县级以上地方人民政府应当根据评估结果对开发区产业产品、节能减排措施等进行优化调整。

第六十八条 国家鼓励和支持在长江流域实施重点行业和重点用水单位节水技术改造，提高水资源利用效率。

长江流域县级以上地方人民政府应当加强节水型城市和节水型园区建设，促进节水型行业产业和企业发展，并加快建设雨水自然积存、自然渗透、自然净化的海绵城市。

第六十九条 长江流域县级以上地方人民政府应当按照绿色发展的要求，统筹规划、建设与管理，提升城乡人居环境质量，建设美丽城镇和美丽乡村。

长江流域县级以上地方人民政府应当按照生态、环保、经济、实用的原则因地制宜组织实施厕所改造。

国务院有关部门和长江流域县级以上地方人民政府及其有关部门应当加强对城市新区、各类开发区等使用建筑材料的管理，鼓励使用节能环保、性能高的建筑材料，建设地下综合管廊和管网。

长江流域县级以上地方人民政府应当建设废弃土石渣综合利用信息平台，加强对生产建设活动废弃土石渣收集、清运、集中堆放的管理，鼓励开展综合利用。

第七十条 长江流域县级以上地方人民政府应当编制并组织实施养殖水域滩涂规划，合理划定禁养区、限养区、养殖区，科学确定养殖规模和养殖密度；强化水产养殖投入品管理，指导和规范水产养殖、增殖活动。

第七十一条 国家加强长江流域综合立体交通体系建设，完善港口、航道等水运基础设施，推动交通设施互联互通，实现水陆有机衔接、江海直达联运，提升长江黄金水道功能。

第七十二条 长江流域县级以上地方人民政府应当统筹建设船舶污染物接收转运处置设施、船舶液化天然气加注站，制定港口岸电设施、船舶受电设施建设和改造计划，并组织实施。具备岸电使用条件的船舶靠港应当按照国家有关规定使用岸电，但使用清洁能源的除外。

第七十三条 国务院和长江流域县级以上地方人民政府对长江流域港口、航道和船舶升级改造，液化天然气动力船舶等清洁能源或者新能源动力船舶建造，港口绿色设计等按照规定给予资金支持或者政策扶持。

国务院和长江流域县级以上地方人民政府对长江流域港口岸电设施、船舶受电设施的改造和使用按照规定给予资金补贴、电价优惠等政策扶持。

第七十四条 长江流域地方各级人民政府加强对城乡居民绿色消费的宣传教育，并采取有效措施，支持、引导居民绿色消费。

长江流域地方各级人民政府按照系统推进、广泛参与、突出重点、分类施策的原则，采取回收押金、限制使用易污染不易降解塑料用品、绿色设计、发展公共交通等措施，提倡简约适度、绿色低碳的生活方式。

第七章　保障与监督

第七十五条 国务院和长江流域县级以上地方人民政府应当加大长江流域生态环境保护和修复的财政投入。

国务院和长江流域省级人民政府按照中央与地方财政事权和支出责任划分原则，专项安排长江流域生态环境保护资金，用于长江流域生态环境保护和修复。国务院自然资源主管部门会同国务院财政、生态环境等有关部门制定合理利用社会资金促进长江流域生态环境修复的政策措施。

国家鼓励和支持长江流域生态环境保护和修复等方面的科学技术研究开发和推广应用。

国家鼓励金融机构发展绿色信贷、绿色债券、绿色保险等金融产品，为长江流域生态环境保护和绿色发展提供金融支持。

第七十六条 国家建立长江流域生态保护补偿制度。

国家加大财政转移支付力度，对长江干流及重要支流源头和上游的水源涵养地等生态功能重要区域予以补偿。具体办法由国务院财政部门会同国务院有关部门制定。

国家鼓励长江流域上下游、左右岸、干支流地方人民政府之间开展横向生态保护补偿。

国家鼓励社会资金建立市场化运作的长江流域生态保护补偿基

金；鼓励相关主体之间采取自愿协商等方式开展生态保护补偿。

第七十七条　国家加强长江流域司法保障建设，鼓励有关单位为长江流域生态环境保护提供法律服务。

长江流域各级行政执法机关、人民法院、人民检察院在依法查处长江保护违法行为或者办理相关案件过程中，发现存在涉嫌犯罪行为的，应当将犯罪线索移送具有侦查、调查职权的机关。

第七十八条　国家实行长江流域生态环境保护责任制和考核评价制度。上级人民政府应当对下级人民政府生态环境保护和修复目标完成情况等进行考核。

第七十九条　国务院有关部门和长江流域县级以上地方人民政府有关部门应当依照本法规定和职责分工，对长江流域各类保护、开发、建设活动进行监督检查，依法查处破坏长江流域自然资源、污染长江流域环境、损害长江流域生态系统等违法行为。

公民、法人和非法人组织有权依法获取长江流域生态环境保护相关信息，举报和控告破坏长江流域自然资源、污染长江流域环境、损害长江流域生态系统等违法行为。

国务院有关部门和长江流域地方各级人民政府及其有关部门应当依法公开长江流域生态环境保护相关信息，完善公众参与程序，为公民、法人和非法人组织参与和监督长江流域生态环境保护提供便利。

第八十条　国务院有关部门和长江流域地方各级人民政府及其有关部门对长江流域跨行政区域、生态敏感区域和生态环境违法案件高发区域以及重大违法案件，依法开展联合执法。

第八十一条　国务院有关部门和长江流域省级人民政府对长江保护工作不力、问题突出、群众反映集中的地区，可以约谈所在地区县级以上地方人民政府及其有关部门主要负责人，要求其采取措施及时整改。

第八十二条 国务院应当定期向全国人民代表大会常务委员会报告长江流域生态环境状况及保护和修复工作等情况。

长江流域县级以上地方人民政府应当定期向本级人民代表大会或者其常务委员会报告本级人民政府长江流域生态环境保护和修复工作等情况。

第八章　法律责任

第八十三条 国务院有关部门和长江流域地方各级人民政府及其有关部门违反本法规定，有下列行为之一的，对直接负责的主管人员和其他直接责任人员依法给予警告、记过、记大过或者降级处分；造成严重后果的，给予撤职或者开除处分，其主要负责人应当引咎辞职：

（一）不符合行政许可条件准予行政许可的；

（二）依法应当作出责令停业、关闭等决定而未作出的；

（三）发现违法行为或者接到举报不依法查处的；

（四）有其他玩忽职守、滥用职权、徇私舞弊行为的。

第八十四条 违反本法规定，有下列行为之一的，由有关主管部门按照职责分工，责令停止违法行为，给予警告，并处一万元以上十万元以下罚款；情节严重的，并处十万元以上五十万元以下罚款：

（一）船舶在禁止航行区域内航行的；

（二）经同意在水生生物重要栖息地禁止航行区域内航行，未采取必要措施减少对重要水生生物干扰的；

（三）水利水电、航运枢纽等工程未将生态用水调度纳入日常运行调度规程的；

（四）具备岸电使用条件的船舶未按照国家有关规定使用岸电的。

第八十五条　违反本法规定，在长江流域开放水域养殖、投放外来物种或者其他非本地物种种质资源的，由县级以上人民政府农业农村主管部门责令限期捕回，处十万元以下罚款；造成严重后果的，处十万元以上一百万元以下罚款；逾期不捕回的，由有关人民政府农业农村主管部门代为捕回或者采取降低负面影响的措施，所需费用由违法者承担。

第八十六条　违反本法规定，在长江流域水生生物保护区内从事生产性捕捞，或者在长江干流和重要支流、大型通江湖泊、长江河口规定区域等重点水域禁捕期间从事天然渔业资源的生产性捕捞的，由县级以上人民政府农业农村主管部门没收渔获物、违法所得以及用于违法活动的渔船、渔具和其他工具，并处一万元以上五万元以下罚款；采取电鱼、毒鱼、炸鱼等方式捕捞，或者有其他严重情节的，并处五万元以上五十万元以下罚款。

收购、加工、销售前款规定的渔获物的，由县级以上人民政府农业农村、市场监督管理等部门按照职责分工，没收渔获物及其制品和违法所得，并处货值金额十倍以上二十倍以下罚款；情节严重的，吊销相关生产经营许可证或者责令关闭。

第八十七条　违反本法规定，非法侵占长江流域河湖水域，或者违法利用、占用河湖岸线的，由县级以上人民政府水行政、自然资源等主管部门按照职责分工，责令停止违法行为，限期拆除并恢复原状，所需费用由违法者承担，没收违法所得，并处五万元以上五十万元以下罚款。

第八十八条　违反本法规定，有下列行为之一的，由县级以上人民政府生态环境、自然资源等主管部门按照职责分工，责令停止违法行为，限期拆除并恢复原状，所需费用由违法者承担，没收违法所得，并处五十万元以上五百万元以下罚款，对直接负责的主管人员和其他直接责任人员处五万元以上十万元以下罚款；情节严重的，报经有批准权的人民政府批准，责令关闭：

（一）在长江干支流岸线一公里范围内新建、扩建化工园区和化工项目的；

（二）在长江干流岸线三公里范围内和重要支流岸线一公里范围内新建、改建、扩建尾矿库的；

（三）违反生态环境准入清单的规定进行生产建设活动的。

第八十九条 长江流域磷矿开采加工、磷肥和含磷农药制造等企业违反本法规定，超过排放标准或者总量控制指标排放含磷水污染物的，由县级以上人民政府生态环境主管部门责令停止违法行为，并处二十万元以上二百万元以下罚款，对直接负责的主管人员和其他直接责任人员处五万元以上十万元以下罚款；情节严重的，责令停产整顿，或者报经有批准权的人民政府批准，责令关闭。

第九十条 违反本法规定，在长江流域水上运输剧毒化学品和国家规定禁止通过内河运输的其他危险化学品的，由县级以上人民政府交通运输主管部门或者海事管理机构责令改正，没收违法所得，并处二十万元以上二百万元以下罚款，对直接负责的主管人员和其他直接责任人员处五万元以上十万元以下罚款；情节严重的，责令停业整顿，或者吊销相关许可证。

第九十一条 违反本法规定，在长江流域未依法取得许可从事采砂活动，或者在禁止采砂区和禁止采砂期从事采砂活动的，由国务院水行政主管部门有关流域管理机构或者县级以上地方人民政府水行政主管部门责令停止违法行为，没收违法所得以及用于违法活动的船舶、设备、工具，并处货值金额二倍以上二十倍以下罚款；

货值金额不足十万元的，并处二十万元以上二百万元以下罚款；已经取得河道采砂许可证的，吊销河道采砂许可证。

第九十二条 对破坏长江流域自然资源、污染长江流域环境、损害长江流域生态系统等违法行为，本法未作行政处罚规定的，适用有关法律、行政法规的规定。

第九十三条 因污染长江流域环境、破坏长江流域生态造成他人损害的，侵权人应当承担侵权责任。

违反国家规定造成长江流域生态环境损害的，国家规定的机关或者法律规定的组织有权请求侵权人承担修复责任、赔偿损失和有关费用。

第九十四条 违反本法规定，构成犯罪的，依法追究刑事责任。

第九章 附 则

第九十五条 本法下列用语的含义：

（一）本法所称长江干流，是指长江源头至长江河口，流经青海省、四川省、西藏自治区、云南省、重庆市、湖北省、湖南省、江西省、安徽省、江苏省、上海市的长江主河段；

（二）本法所称长江支流，是指直接或者间接流入长江干流的河流，支流可以分为一级支流、二级支流等；

（三）本法所称长江重要支流，是指流域面积一万平方公里以上的支流，其中流域面积八万平方公里以上的一级支流包括雅砻江、岷江、嘉陵江、乌江、湘江、沅江、汉江和赣江等。

第九十六条 本法自 2021 年 3 月 1 日起施行。

中华人民共和国水污染防治法

(1984年5月11日第六届全国人民代表大会常务委员会第五次会议通过 根据1996年5月15日第八届全国人民代表大会常务委员会第十九次会议《关于修改〈中华人民共和国水污染防治法〉的决定》修正 2008年2月28日第十届全国人民代表大会常务委员会第三十二次会议修订 2017年6月27日第十二届全国人民代表大会常务委员会第二十八次会议第二次修订)

目 录

第一章　总　则

第一条　为了保护和改善环境，防治水污染，保护水生态，保障饮用水安全，维护公众健康，推进生态文明建设，促进经济社会可持续发展，制定本法。

第二条　本法适用于中华人民共和国领域内的江河、湖泊、运河、渠道、水库等地表水体以及地下水体的污染防治。

海洋污染防治适用《中华人民共和国海洋环境保护法》。

第三条　水污染防治应当坚持预防为主、防治结合、综合治理的原则，优先保护饮用水水源，严格控制工业污染、城镇生活污染，防治农业面源污染，积极推进生态治理工程建设，预防、控制和减少水环境污染和生态破坏。

第四条　县级以上人民政府应当将水环境保护工作纳入国民经济和社会发展规划。

地方各级人民政府对本行政区域的水环境质量负责，应当及时采取措施防治水污染。

第五条　省、市、县、乡建立河长制，分级分段组织领导本行政区域内江河、湖泊的水资源保护、水域岸线管理、水污染防治、水环境治理等工作。

第六条　国家实行水环境保护目标责任制和考核评价制度，将水环境保护目标完成情况作为对地方人民政府及其负责人考核评价的内容。

第七条　国家鼓励、支持水污染防治的科学技术研究和先进适用技术的推广应用，加强水环境保护的宣传教育。

第八条　国家通过财政转移支付等方式，建立健全对位于饮用水水源保护区区域和江河、湖泊、水库上游地区的水环境生态保护补偿机制。

第九条 县级以上人民政府环境保护主管部门对水污染防治实施统一监督管理。交通主管部门的海事管理机构对船舶污染水域的防治实施监督管理。县级以上人民政府水行政、国土资源、卫生、建设、农业、渔业等部门以及重要江河、湖泊的流域水资源保护机构，在各自的职责范围内，对有关水污染防治实施监督管理。

第十条 排放水污染物，不得超过国家或者地方规定的水污染物排放标准和重点水污染物排放总量控制指标。

第十一条 任何单位和个人都有义务保护水环境，并有权对污染损害水环境的行为进行检举。县级以上人民政府及其有关主管部门对在水污染防治工作中做出显著成绩的单位和个人给予表彰和奖励。

第二章 水污染防治的标准和规划

第十二条 国务院环境保护主管部门制定国家水环境质量标准。省、自治区、直辖市人民政府可以对国家水环境质量标准中未作规定的项目，制定地方标准，并报国务院环境保护主管部门备案。

第十三条 国务院环境保护主管部门会同国务院水行政主管部门和有关省、自治区、直辖市人民政府，可以根据国家确定的重要江河、湖泊流域水体的使用功能以及有关地区的经济、技术条件，确定该重要江河、湖泊流域的省界水体适用的水环境质量标准，报国务院批准后施行。

第十四条 国务院环境保护主管部门根据国家水环境质量标准和国家经济、技术条件，制定国家水污染物排放标准。省、自治区、直辖市人民政府对国家水污染物排放标准中未作规定的项目，可以制定地方水污染物排放标准；对国家水污染物排放标准中已作规定的项目，可以制定严于国家水污染物排放标准的地方水污染物排放标准。地方水污染物排放标准须报国务院环境保护主管部门备案。向已有地方水污染物排放标准的水体排放污染物的，应当执行地方水污染物排放标准。

第十五条 国务院环境保护主管部门和省、自治区、直辖市人民政府，应当根据水污染防治的要求和国家或者地方的经济、技术条件，适时修订水环境质量标准和水污染物排放标准。

第十六条 防治水污染应当按流域或者按区域进行统一规划。国家确定的重要江河、湖泊的流域水污染防治规划，由国务院环境保护主管部门会同国务院经济综合宏观调控、水行政等部门和有关省、自治区、直辖市人民政府编制，报国务院批准。前款规定外的其他跨省、自治区、直辖市江河、湖泊的流域水污染防治规划，根据国家确定的重要江河、湖泊的流域水污染防治规划和本地实际情况，由有关省、自治区、直辖市人民政府环境保护主管部门会同同级水行政等部门和有关市、县人民政府编制，经有关省、自治区、直辖市人民政府审核，报国务院批准。省、自治区、直辖市内跨县江河、湖泊的流域水污染防治规划，根据国家确定的重要江河、湖泊的流域水污染防治规划和本地实际情况，由省、自治区、直辖市人民政府环境保护主管部门会同同级水行政等部门编制，报省、自治区、直辖市人民政府批准，并报国务院备案。经批准的水污染防治规划是防治水污染的基本依据，规划的修订须经原批准机关批准。县级以上地方人民政府应当根据依法批准的江河、湖泊的流域水污染防治规划，组织制定本行政区域的水污染防治规划。

第十七条 有关市、县级人民政府应当按照水污染防治规划确定的水环境质量改善目标的要求，制定限期达标规划，采取措施按期达标。有关市、县级人民政府应当将限期达标规划报上一级人民政府备案，并向社会公开。

第三章　水污染防治的监督管理

第十八条　市、县级人民政府每年在向本级人民代表大会或者其常务委员会报告环境状况和环境保护目标完成情况时，应当报告水环境质量限期达标规划执行情况，并向社会公开。

第十九条　新建、改建、扩建直接或者间接向水体排放污染物的建设项目和其他水上设施，应当依法进行环境影响评价。建设单位在江河、湖泊新建、改建、扩建排污口的，应当取得水行政主管部门或者流域管理机构同意；涉及通航、渔业水域的，环境保护主管部门在审批环境影响评价文件时，应当征求交通、渔业主管部门的意见。建设项目的水污染防治设施，应当与主体工程同时设计、同时施工、同时投入使用。水污染防治设施应当符合经批准或者备案的环境影响评价文件的要求。

第二十条　国家对重点水污染物排放实施总量控制制度。重点水污染物排放总量控制指标，由国务院环境保护主管部门在征求国务院有关部门和各省、自治区、直辖市人民政府意见后，会同国务院经济综合宏观调控部门报国务院批准并下达实施。省、自治区、直辖市人民政府应当按照国务院的规定削减和控制本行政区域的重点水污染物排放总量。具体办法由国务院环境保护主管部门会同国务院有关部门规定。省、自治区、直辖市人民政府可以根据本行政区域水环境质量状况和水污染防治工作的需要，对国家重点水污染物之外的其他水污染物排放实行总量控制。对超过重点水污染物排放总量控制指标或者未完成水环境质量改善目标的地区，省级以上人民政府环境保护主管部门应当会同有关部门约谈该地区人民政府的主要负责人，并暂停审批新增重点水污染物排放总量的建设项目的环境影响评价文件。约谈情况应当向社会公开。

第二十一条　直接或者间接向水体排放工业废水和医疗污水以及其他按照规定应当取得排污许可证方可排放的废水、污水的企业事业单位和其他生产经营者，应当取得排污许可证；城镇污水集中处理设施的运营单位，也应当取得排污许可证。排污许可证应当明确排放水污染物的种类、浓度、总量和排放去向等要求。排污许可的具体办法由国务院规定。禁止企业事业单位和其他生产经营者无排污许可证或者违反排污许可证规定向水体排放前款规定的废水、污水。

第二十二条　向水体排放污染物的企业事业单位和其他生产经营者，应当按照法律、行政法规和国务院环境保护主管部门的规定设置排污口；在江河、湖泊设置排污口的，还应当遵守国务院水行政主管部门的规定。

第二十三条　实行排污许可管理的企业事业单位和其他生产经营者应当按照国家有关规定和监测规范，对所排放的水污染物自行监测，并保存原始监测记录。重点排污单位还应当安装水污染物排放自动监测设备，与环境保护主管部门的监控设备联网，并保证监测设备正常运行。具体办法由国务院环境保护主管部门规定。应当安装水污染物排放自动监测设备的重点排污单位名录，由设区的市级以上地方人民政府环境保护主管部门根据本行政区域的环境容量、重点水污染物排放总量控制指标的要求以及排污单位排放水污染物的种类、数量和浓度等因素，商同级有关部门确定。

第二十四条　实行排污许可管理的企业事业单位和其他生产经营者应当对监测数据的真实性和准确性负责。环境保护主管部门发现重点排污单位的水污染物排放自动监测设备传输数据异常，应当及时进行调查。

第二十五条　国家建立水环境质量监测和水污染物排放监测制度。国务院环境保护主管部门负责制定水环境监测规范，统一发布国家水环境状况信息，会同国务院水行政等部门组织监测网络，统一规划国家水环境质量监测站（点）的设置，建立监测数据共享机制，加强对水环境监测的管理。

第二十六条　国家确定的重要江河、湖泊流域的水资源保护工作机构负责监测其所在流域的省界水体的水环境质量状况，并将监测结果及时报国务院环境保护主管部门和国务院水行政主管部门；有经国务院批准成立的流域水资源保护领导机构的，应当将监测结果及时报告流域水资源保护领导机构。

第二十七条　国务院有关部门和县级以上地方人民政府开发、利用和调节、调度水资源时，应当统筹兼顾，维持江河的合理流量和湖泊、水库以及地下水体的合理水位，保障基本生态用水，维护水体的生态功能。

第二十八条　国务院环境保护主管部门应当会同国务院水行政等部门和有关省、自治区、直辖市人民政府，建立重要江河、湖泊的流域水环境保护联合协调机制，实行统一规划、统一标准、统一监测、统一的防治措施。

第二十九条　国务院环境保护主管部门和省、自治区、直辖市人民政府环境保护主管部门应当会同同级有关部门根据流域生态环境功能需要，明确流域生态环境保护要求，组织开展流域环境资源承载能力监测、评价，实施流域环境资源承载能力预警。县级以上地方人民政府应当根据流域生态环境功能需要，组织开展江河、湖泊、湿地保护与修复，因地制宜建设人工湿地、水源涵养林、沿河沿湖植被缓冲带和隔离带等生态环境治理与保护工程，整治黑臭水体，提高流域环境资源承载能力。从事开发建设活动，应当采取有效措施，维护流域生态环境功能，严守生态保护红线。

第三十条 环境保护主管部门和其他依照本法规定行使监督管理权的部门，有权对管辖范围内的排污单位进行现场检查，被检查的单位应当如实反映情况，提供必要的资料。检查机关有义务为被检查的单位保守在检查中获取的商业秘密。

第三十一条 跨行政区域的水污染纠纷，由有关地方人民政府协商解决，或者由其共同的上级人民政府协调解决。

第四章 水污染防治措施

第一节 一般规定

第三十二条 国务院环境保护主管部门应当会同国务院卫生主管部门，根据对公众健康和生态环境的危害和影响程度，公布有毒有害水污染物名录，实行风险管理。排放前款规定名录中所列有毒有害水污染物的企业事业单位和其他生产经营者，应当对排污口和周边环境进行监测，评估环境风险，排查环境安全隐患，并公开有毒有害水污染物信息，采取有效措施防范环境风险。

第三十三条 禁止向水体排放油类、酸液、碱液或者剧毒废液。禁止在水体清洗装贮过油类或者有毒污染物的车辆和容器。

第三十四条 禁止向水体排放、倾倒放射性固体废物或者含有高放射性和中放射性物质的废水。向水体排放含低放射性物质的废水，应当符合国家有关放射性污染防治的规定和标准。

第三十五条 向水体排放含热废水，应当采取措施，保证水体的水温符合水环境质量标准。

第三十六条 含病原体的污水应当经过消毒处理；符合国家有关标准后，方可排放。

第三十七条 禁止向水体排放、倾倒工业废渣、城镇垃圾和其他废弃物。禁止将含有汞、镉、砷、铬、铅、氰化物、黄磷等的可溶性剧毒废渣向水体排放、倾倒或者直接埋入地下。存放可溶性剧毒废渣的场所，应当采取防水、防渗漏、防流失的措施。

第三十八条 禁止在江河、湖泊、运河、渠道、水库最高水位线以下的滩地和岸坡堆放、存贮固体废弃物和其他污染物。

第三十九条 禁止利用渗井、渗坑、裂隙、溶洞，私设暗管，篡改、伪造监测数据，或者不正常运行水污染防治设施等逃避监管的方式排放水污染物。

第四十条 化学品生产企业以及工业集聚区、矿山开采区、尾矿库、危险废物处置场、垃圾填埋场等的运营、管理单位，应当采取防渗漏等措施，并建设地下水水质监测井进行监测，防止地下水污染。加油站等的地下油罐应当使用双层罐或者采取建造防渗池等其他有效措施，并进行防渗漏监测，防止地下水污染。

禁止利用无防渗漏措施的沟渠、坑塘等输送或者存贮含有毒污染物的废水、含病原体的污水和其他废弃物。

第四十一条 多层地下水的含水层水质差异大的，应当分层开采；对已受污染的潜水和承压水，不得混合开采。

第四十二条 兴建地下工程设施或者进行地下勘探、采矿等活动，应当采取防护性措施，防止地下水污染。报废矿井、钻井或者取水井等，应当实施封井或者回填。

第四十三条 人工回灌补给地下水，不得恶化地下水质。

第二节 工业水污染防治

第四十四条 国务院有关部门和县级以上地方人民政府应当合理规划工业布局，要求造成水污染的企业进行技术改造，采取综合防治措施，提高水的重复利用率，减少废水和污染物排放量。

第四十五条 排放工业废水的企业应当采取有效措施，收集和处理产生的全部废水，防止污染环境。含有毒有害水污染物的工业废水应当分类收集和处理，不得稀释排放。工业集聚区应当配套建设相应的污水集中处理设施，安装自动监测设备，与环境保护主管部门的监控设备联网，并保证监测设备正常运行。向污水集中处理设施排放工业废水的，应当按照国家有关规定进行预处理，达到集中处理设施处理工艺要求后方可排放。

第四十六条 国家对严重污染水环境的落后工艺和设备实行淘汰制度。国务院经济综合宏观调控部门会同国务院有关部门，公布限期禁止采用的严重污染水环境的工艺名录和限期禁止生产、销售、进口、使用的严重污染水环境的设备名录。生产者、销售者、进口者或者使用者应当在规定的期限内停止生产、销售、进口或者使用列入前款规定的设备名录中的设备。工艺的采用者应当在规定的期限内停止采用列入前款规定的工艺名录中的工艺。依照本条第二款、第三款规定被淘汰的设备，不得转让给他人使用。

第四十七条 国家禁止新建不符合国家产业政策的小型造纸、制革、印染、染料、炼焦、炼硫、炼砷、炼汞、炼油、电镀、农药、石棉、水泥、玻璃、钢铁、火电以及其他严重污染水环境的生产项目。

第四十八条 企业应当采用原材料利用效率高、污染物排放量少的清洁工艺，并加强管理，减少水污染物的产生。

第三节 城镇水污染防治

第四十九条 城镇污水应当集中处理。县级以上地方人民政府应当通过财政预算和其他渠道筹集资金，统筹安排建设城镇污水集中处理设施及配套管网，提高本行政区域城镇污水的收集率和处理率。国务院建设主管部门应当会同国务院经济综合宏观调控、环境保护主管部门，根据城乡规划和水污染防治规划，组织编制全国城镇污水处理设施建设规划。县级以上地方人民政府组织建设、经济综合宏观调控、环境保护、水行政等部门编制本行政区域的城镇污水处理设施建设规划。县级以上地方人民政府建设主管部门应当按照城镇污水处理设施建设规划，组织建设城镇污水集中处理设施及配套管网，并加强对城镇污水集中处理设施运营的监督管理。城镇污水集中处理设施的运营单位按照国家规定向排污者提供污水处理的有偿服务，收取污水处理费用，保证污水集中处理设施的正常运行。收取的污水处理费用应当用于城镇污水集中处理设施的建设运行和污泥处理处置，不得挪作他用。城镇污水集中处理设施的污水处理收费、管理以及使用的具体办法，由国务院规定。

第五十条 向城镇污水集中处理设施排放水污染物，应当符合国家或者地方规定的水污染物排放标准。城镇污水集中处理设施的运营单位，应当对城镇污水集中处理设施的出水水质负责。环境保护主管部门应当对城镇污水集中处理设施的出水水质和水量进行监督检查。

第五十一条 城镇污水集中处理设施的运营单位或者污泥处理处置单位应当安全处理处置污泥，保证处理处置后的污泥符合国家标准，并对污泥的去向等进行记录。

第四节 农业和农村水污染防治

第五十二条 国家支持农村污水、垃圾处理设施的建设，推进农村污水、垃圾集中处理。地方各级人民政府应当统筹规划建设农村污水、垃圾处理设施，并保障其正常运行。

第五十三条 制定化肥、农药等产品的质量标准和使用标准，应当适应水环境保护要求。

第五十四条 使用农药，应当符合国家有关农药安全使用的规定和标准。运输、存贮农药和处置过期失效农药，应当加强管理，防止造成水污染。

第五十五条 县级以上地方人民政府农业主管部门和其他有关部门，应当采取措施，指导农业生产者科学、合理地施用化肥和农药，推广测土配方施肥技术和高效低毒低残留农药，控制化肥和农药的过量使用，防止造成水污染。

第五十六条 国家支持畜禽养殖场、养殖小区建设畜禽粪便、废水的综合利用或者无害化处理设施。畜禽养殖场、养殖小区应当保证其畜禽粪便、废水的综合利用或者无害化处理设施正常运转，保证污水达标排放，防止污染水环境。畜禽散养密集区所在地县、乡级人民政府应当组织对畜禽粪便污水进行分户收集、集中处理利用。

第五十七条 从事水产养殖应当保护水域生态环境，科学确定养殖密度，合理投饵和使用药物，防止污染水环境。

第五十八条 农田灌溉用水应当符合相应的水质标准，防止污染土壤、地下水和农产品。禁止向农田灌溉渠道排放工业废水或者医疗污水。向农田灌溉渠道排放城镇污水以及未综合利用的畜禽养殖废水、农产品加工废水的，应当保证其下游最近的灌溉取水点的水质符合农田灌溉水质标准。

第五节 船舶水污染防治

第五十九条 船舶排放含油污水、生活污水，应当符合船舶污染物排放标准。从事海洋航运的船舶进入内河和港口的，应当遵守内河的船舶污染物排放标准。船舶的残油、废油应当回收，禁止排入水体。禁止向水体倾倒船舶垃圾。船舶装载运输油类或者有毒货物，应当采取防止溢流和渗漏的措施，防止货物落水造成水污染。进入中华人民共和国内河的国际航线船舶排放压载水的，应当采用压载水处理装置或者采取其他等效措施，对压载水进行灭活等处理。禁止排放不符合规定的船舶压载水。

第六十条　船舶应当按照国家有关规定配置相应的防污设备和器材，并持有合法有效的防止水域环境污染的证书与文书。船舶进行涉及污染物排放的作业，应当严格遵守操作规程，并在相应的记录簿上如实记载。

第六十一条　港口、码头、装卸站和船舶修造厂所在地市、县级人民政府应当统筹规划建设船舶污染物、废弃物的接收、转运及处理处置设施。港口、码头、装卸站和船舶修造厂应当备有足够的船舶污染物、废弃物的接收设施。从事船舶污染物、废弃物接收作业，或者从事装载油类、污染危害性货物船舱清洗作业的单位，应当具备与其运营规模相适应的接收处理能力。

第六十二条　船舶及有关作业单位从事有污染风险的作业活动，应当按照有关法律法规和标准，采取有效措施，防止造成水污染。海事管理机构、渔业主管部门应当加强对船舶及有关作业活动的监督管理。船舶进行散装液体污染危害性货物的过驳作业，应当编制作业方案，采取有效的安全和污染防治措施，并报作业地海事管理机构批准。禁止采取冲滩方式进行船舶拆解作业。

第五章　饮用水水源和其他特殊水体保护

第六十三条　国家建立饮用水水源保护区制度。饮用水水源保护区分为一级保护区和二级保护区；必要时，可以在饮用水水源保护区外围划定一定的区域作为准保护区。饮用水水源保护区的划定，由有关市、县人民政府提出划定方案，报省、自治区、直辖市人民政府批准；跨市、县饮用水水源保护区的划定，由有关市、县人民政府协商提出划定方案，报省、自治区、直辖市人民政府批准；协商不成的，由省、自治区、直辖市人民政府环境保护主管部门会同同级水行政、国土资源、卫生、建设等部门提出划定方案，征求同级有关部门的意见后，报省、自治区、直辖市人民政府批准。跨省、自治区、直辖市的饮用水水源保护区，由有关省、自治区、直辖市人民政府商有关流域管理机构划定；协商不成的，由国务院环境保护主管部门会同同级水行政、国土资源、卫生、建设等部门提出划定方案，征求国务院有关部门的意见后，报国务院批准。国务院和省、自治区、直辖市人民政府可以根据保护饮用水水源的实际需要，调整饮用水水源保护区的范围，确保饮用水安全。有关地方人民政府应当在饮用水水源保护区的边界设立明确的地理界标和明显的警示标志。

　　第六十四条　在饮用水水源保护区内，禁止设置排污口。

　　第六十五条　禁止在饮用水水源一级保护区内新建、改建、扩建与供水设施和保护水源无关的建设项目；已建成的与供水设施和保护水源无关的建设项目，由县级以上人民政府责令拆除或者关闭。禁止在饮用水水源一级保护区内从事网箱养殖、旅游、游泳、垂钓或者其他可能污染饮用水水体的活动。

　　第六十六条　禁止在饮用水水源二级保护区内新建、改建、扩建排放污染物的建设项目；已建成的排放污染物的建设项目，由县级以上人民政府责令拆除或者关闭。在饮用水水源二级保护区内从事网箱养殖、旅游等活动的，应当按照规定采取措施，防止污染饮用水水体。

第六十七条 禁止在饮用水水源准保护区内新建、扩建对水体污染严重的建设项目；改建建设项目，不得增加排污量。

第六十八条 县级以上地方人民政府应当根据保护饮用水水源的实际需要，在准保护区内采取工程措施或者建造湿地、水源涵养林等生态保护措施，防止水污染物直接排入饮用水水体，确保饮用水安全。

第六十九条 县级以上地方人民政府应当组织环境保护等部门，对饮用水水源保护区、地下水型饮用水水源的补给区及供水单位周边区域的环境状况和污染风险进行调查评估，筛查可能存在的污染风险因素，并采取相应的风险防范措施。饮用水水源受到污染可能威胁供水安全的，环境保护主管部门应当责令有关企业事业单位和其他生产经营者采取停止排放水污染物等措施，并通报饮用水供水单位和供水、卫生、水行政等部门；跨行政区域的，还应当通报相关地方人民政府。

第七十条 单一水源供水城市的人民政府应当建设应急水源或者备用水源，有条件的地区可以开展区域联网供水。县级以上地方人民政府应当合理安排、布局农村饮用水水源，有条件的地区可以采取城镇供水管网延伸或者建设跨村、跨乡镇联片集中供水工程等方式，发展规模集中供水。

第七十一条 饮用水供水单位应当做好取水口和出水口的水质检测工作。发现取水口水质不符合饮用水水源水质标准或者出水口水质不符合饮用水卫生标准的，应当及时采取相应措施，并向所在地市、县级人民政府供水主管部门报告。供水主管部门接到报告后，应当通报环境保护、卫生、水行政等部门。饮用水供水单位应当对供水水质负责，确保供水设施安全可靠运行，保证供水水质符合国家有关标准。

第七十二条 县级以上地方人民政府应当组织有关部门监测、评估本行政区域内饮用水水源、供水单位供水和用户水龙头出水的水质等饮用水安全状况。 县级以上地方人民政府有关部门应当至少每季度向社会公开一次饮用水安全状况信息。

第七十三条 国务院和省、自治区、直辖市人民政府根据水环境保护的需要，可以规定在饮用水水源保护区内，采取禁止或者限制使用含磷洗涤剂、化肥、农药以及限制种植养殖等措施。

第七十四条 县级以上人民政府可以对风景名胜区水体、重要渔业水体和其他具有特殊经济文化价值的水体划定保护区，并采取措施，保证保护区的水质符合规定用途的水环境质量标准。

第七十五条 在风景名胜区水体、重要渔业水体和其他具有特殊经济文化价值的水体的保护区内，不得新建排污口。在保护区附近新建排污口，应当保证保护区水体不受污染。

第六章 水污染事故处置

第七十六条 各级人民政府及其有关部门，可能发生水污染事故的企业事业单位，应当依照《中华人民共和国突发事件应对法》的规定，做好突发水污染事故的应急准备、应急处置和事后恢复等工作。

第七十七条 可能发生水污染事故的企业事业单位，应当制定有关水污染事故的应急方案，做好应急准备，并定期进行演练。生产、储存危险化学品的企业事业单位，应当采取措施，防止在处理安全生产事故过程中产生的可能严重污染水体的消防废水、废液直接排入水体。

第七章　法律责任

第七十八条　企业事业单位发生事故或者其他突发性事件，造成或者可能造成水污染事故的，应当立即启动本单位的应急方案，采取隔离等应急措施，防止水污染物进入水体，并向事故发生地的县级以上地方人民政府或者环境保护主管部门报告。环境保护主管部门接到报告后，应当及时向本级人民政府报告，并抄送有关部门。造成渔业污染事故或者渔业船舶造成水污染事故的，应当向事故发生地的渔业主管部门报告，接受调查处理。其他船舶造成水污染事故的，应当向事故发生地的海事管理机构报告，接受调查处理；给渔业造成损害的，海事管理机构应当通知渔业主管部门参与调查处理。

第七十九条　市、县级人民政府应当组织编制饮用水安全突发事件应急预案。饮用水供水单位应当根据所在地饮用水安全突发事件应急预案，制定相应的突发事件应急方案，报所在地市、县级人民政府备案，并定期进行演练。饮用水水源发生水污染事故，或者发生其他可能影响饮用水安全的突发性事件，饮用水供水单位应当采取应急处理措施，向所在地市、县级人民政府报告，并向社会公开。有关人民政府应当根据情况及时启动应急预案，采取有效措施，保障供水安全。

第八十条　环境保护主管部门或者其他依照本法规定行使监督管理权的部门，不依法作出行政许可或者办理批准文件的，发现违法行为或者接到对违法行为的举报后不予查处的，或者有其他未依照本法规定履行职责的行为的，对直接负责的主管人员和其他直接责任人员依法给予处分。

第八十一条　以拖延、围堵、滞留执法人员等方式拒绝、阻挠环境保护主管部门或者其他依照本法规定行使监督管理权的部门的监督检查，或者在接受监督检查时弄虚作假的，由县级以上人民政府环境保护主管部门或者其他依照本法规定行使监督管理权的部门责令改正，处二万元以上二十万元以下的罚款。

第八十二条 违反本法规定，有下列行为之一的，由县级以上人民政府环境保护主管部门责令限期改正，处二万元以上二十万元以下的罚款；逾期不改正的，责令停产整治：

（一）未按照规定对所排放的水污染物自行监测，或者未保存原始监测记录的；

（二）未按照规定安装水污染物排放自动监测设备，未按照规定与环境保护主管部门的监控设备联网，或者未保证监测设备正常运行的；

（三）未按照规定对有毒有害水污染物的排污口和周边环境进行监测，或者未公开有毒有害水污染物信息的。

第八十三条 违反本法规定，有下列行为之一的，由县级以上人民政府环境保护主管部门责令改正或者责令限制生产、停产整治，并处十万元以上一百万元以下的罚款；情节严重的，报经有批准权的人民政府批准，责令停业、关闭：

（一）未依法取得排污许可证排放水污染物的；

（二）超过水污染物排放标准或者超过重点水污染物排放总量控制指标排放水污染物的；

（三）利用渗井、渗坑、裂隙、溶洞，私设暗管，篡改、伪造监测数据，或者不正常运行水污染防治设施等逃避监管的方式排放水污染物的；

（四）未按照规定进行预处理，向污水集中处理设施排放不符合处理工艺要求的工业废水的。

第八十四条 在饮用水水源保护区内设置排污口的，由县级以上地方人民政府责令限期拆除，处十万元以上五十万元以下的罚款；逾期不拆除的，强制拆除，所需费用由违法者承担，处五十万元以上一百万元以下的罚款，并可以责令停产整治。除前款规定外，违反法律、行政法规和国务院环境保护主管部门的规定设置排污口的，由县级以上地方人民政府环境保护主管部门责令限期拆除，处二万元以上十万元以下的罚款；逾期不拆除的，强制拆除，所需费用由违法者承担，处十万元以上五十万元以下的罚款；情节严重的，可以责令停产整治。未经水行政主管部门或者流域管理机构同意，在江河、湖泊新建、改建、扩建排污口的，由县级以上人民政府水行政主管部门或者流域管理机构依据职权，依照前款规定采取措施、给予处罚。

第八十五条 有下列行为之一的，由县级以上地方人民政府环境保护主管部门责令停止违法行为，限期采取治理措施，消除污染，处以罚款；逾期不采取治理措施的，环境保护主管部门可以指定有治理能力的单位代为治理，所需费用由违法者承担：

（一）向水体排放油类、酸液、碱液的；

（二）向水体排放剧毒废液，或者将含有汞、镉、砷、铬、铅、氰化物、黄磷等的可溶性剧毒废渣向水体排放、倾倒或者直接埋入地下的；

（三）在水体清洗装贮过油类、有毒污染物的车辆或者容器的；

（四）向水体排放、倾倒工业废渣、城镇垃圾或者其他废弃物，或者在江河、湖泊、运河、渠道、水库最高水位线以下的滩地、岸坡堆放、存贮固体废弃物或者其他污染物的；

（五）向水体排放、倾倒放射性固体废物或者含有高放射性、中放射性物质的废水的；

（六）违反国家有关规定或者标准，向水体排放含低放射性物质的废水、热废水或者含病原体的污水的；

（七）未采取防渗漏等措施，或者未建设地下水水质监测井进行监测的；

（八）加油站等的地下油罐未使用双层罐或者采取建造防渗池等其他有效措施，或者未进行防渗漏监测的；

（九）未按照规定采取防护性措施，或者利用无防渗漏措施的沟渠、坑塘等输送或者存贮含有毒污染物的废水、含病原体的污水或者其他废弃物的。有前款第三项、第四项、第六项、第七项、第八项行为之一的，处二万元以上二十万元以下的罚款。有前款第一项、第二项、第五项、第九项行为之一的，处十万元以上一百万元以下的罚款；情节严重的，报经有批准权的人民政府批准，责令停业、关闭。

第八十六条 违反本法规定，生产、销售、进口或者使用列入禁止生产、销售、进口、使用的严重污染水环境的设备名录中的设备，或者采用列入禁止采用的严重污染水环境的工艺名录中的工艺的，由县级以上人民政府经济综合宏观调控部门责令改正，处五万元以上二十万元以下的罚款；情节严重的，由县级以上人民政府经济综合宏观调控部门提出意见，报请本级人民政府责令停业、关闭。

第八十七条 违反本法规定，建设不符合国家产业政策的小型造纸、制革、印染、染料、炼焦、炼硫、炼砷、炼汞、炼油、电镀、农药、石棉、水泥、玻璃、钢铁、火电以及其他严重污染水环境的生产项目的，由所在地的市、县人民政府责令关闭。

第八十八条 城镇污水集中处理设施的运营单位或者污泥处理处置单位，处理处置后的污泥不符合国家标准，或者对污泥去向等未进行记录的，由城镇排水主管部门责令限期采取治理措施，给予警告；造成严重后果的，处十万元以上二十万元以下的罚款；逾期不采取治理措施的，城镇排水主管部门可以指定有治理能力的单位代为治理，所需费用由违法者承担。

第八十九条 船舶未配置相应的防污染设备和器材，或者未持有合法有效的防止水域环境污染的证书与文书的，由海事管理机构、渔业主管部门按照职责分工责令限期改正，处二千元以上二万元以下的罚款；逾期不改正的，责令船舶临时停航。船舶进行涉及污染物排放的作业，未遵守操作规程或者未在相应的记录簿上如实记载的，由海事管理机构、渔业主管部门按照职责分工责令改正，处二千元以上二万元以下的罚款。

第九十条 违反本法规定，有下列行为之一的，由海事管理机构、渔业主管部门按照职责分工责令停止违法行为，处一万元以上十万元以下的罚款；造成水污染的，责令限期采取治理措施，消除污染，处二万元以上二十万元以下的罚款；逾期不采取治理措施的，海事管理机构、渔业主管部门按照职责分工可以指定有治理能力的单位代为治理，所需费用由船舶承担：

（一）向水体倾倒船舶垃圾或者排放船舶的残油、废油的；

（二）未经作业地海事管理机构批准，船舶进行散装液体污染危害性货物的过驳作业的；

（三）船舶及有关作业单位从事有污染风险的作业活动，未按照规定采取污染防治措施的；

（四）以冲滩方式进行船舶拆解的；

（五）进入中华人民共和国内河的国际航线船舶，排放不符合规定的船舶压载水的。

第九十一条 有下列行为之一的，由县级以上地方人民政府环境保护主管部门责令停止违法行为，处十万元以上五十万元以下的罚款；并报经有批准权的人民政府批准，责令拆除或者关闭：

（一）在饮用水水源一级保护区内新建、改建、扩建与供水设施和保护水源无关的建设项目的；

（二）在饮用水水源二级保护区内新建、改建、扩建排放污染物的建设项目的；

（三）在饮用水水源准保护区内新建、扩建对水体污染严重的建设项目，或者改建建设项目增加排污量的。在饮用水水源一级保护区内从事网箱养殖或者组织进行旅游、垂钓或者其他可能污染饮用水水体的活动的，由县级以上地方人民政府环境保护主管部门责令停止违法行为，处二万元以上十万元以下的罚款。个人在饮用水水源一级保护区内游泳、垂钓或者从事其他可能污染饮用水水体的活动的，由县级以上地方人民政府环境保护主管部门责令停止违法行为，可以处五百元以下的罚款。

第九十二条 饮用水供水单位供水水质不符合国家规定标准的，由所在地市、县级人民政府供水主管部门责令改正，处二万元以上二十万元以下的罚款；情节严重的，报经有批准权的人民政府批准，可以责令停业整顿；对直接负责的主管人员和其他直接责任人员依法给予处分。

第九十三条 企业事业单位有下列行为之一的，由县级以上人民政府环境保护主管部门责令改正；情节严重的，处二万元以上十万元以下的罚款：

（一）不按照规定制定水污染事故的应急方案的；

（二）水污染事故发生后，未及时启动水污染事故的应急方案，采取有关应急措施的。

第九十四条 企业事业单位违反本法规定，造成水污染事故的，除依法承担赔偿责任外，由县级以上人民政府环境保护主管部门依照本条第二款的规定处以罚款，责令限期采取治理措施，消除污染；未按照要求采取治理措施或者不具备治理能力的，由环境保护主管部门指定有治理能力的单位代为治理，所需费用由违法者承担；对造成重大或者特大水污染事故的，还可以报经有批准权的人民政府批准，责令关闭；对直接负责的主管人员和其他直接责任人员可以处上一年度从本单位取得的收入百分之五十以下的罚款；有《中华人民共和国环境保护法》第六十三条规定的违法排放水污染物等行为之一，尚不构成犯罪的，由公安机关对直接负责的主管人员和其他直接责任人员处十日以上十五日以下的拘留；情节较轻的，处五日以上十日以下的拘留。对造成一般或者较大水污染事故的，按照水污染事故造成的直接损失的百分之二十计算罚款；对造成重大或者特大水污染事故的，按照水污染事故造成的直接损失的百分之三十计算罚款。造成渔业污染事故或者渔业船舶造成水污染事故的，由渔业主管部门进行处罚；其他船舶造成水污染事故的，由海事管理机构进行处罚。

第九十五条 企业事业单位和其他生产经营者违法排放水污染物，受到罚款处罚，被责令改正的，依法作出处罚决定的行政机关应当组织复查，发现其继续违法排放水污染物或者拒绝、阻挠复查的，依照《中华人民共和国环境保护法》的规定按日连续处罚。

第九十六条 因水污染受到损害的当事人，有权要求排污方排除危害和赔偿损失。由于不可抗力造成水污染损害的，排污方不承担赔偿责任；法律另有规定的除外。水污染损害是由受害人故意造成的，排污方不承担赔偿责任。水污染损害是由受害人重大过失造成的，可以减轻排污方的赔偿责任。水污染损害是由第三人造成的，排污方承担赔偿责任后，有权向第三人追偿。

第九十七条 因水污染引起的损害赔偿责任和赔偿金额的纠

纷，可以根据当事人的请求，由环境保护主管部门或者海事管理机构、渔业主管部门按照职责分工调解处理；调解不成的，当事人可以向人民法院提起诉讼。当事人也可以直接向人民法院提起诉讼。

　　第九十八条　因水污染引起的损害赔偿诉讼，由排污方就法律规定的免责事由及其行为与损害结果之间不存在因果关系承担举证责任。

　　第九十九条　因水污染受到损害的当事人人数众多的，可以依法由当事人推选代表人进行共同诉讼。环境保护主管部门和有关社会团体可以依法支持因水污染受到损害的当事人向人民法院提起诉讼。国家鼓励法律服务机构和律师为水污染损害诉讼中的受害人提供法律援助。

　　第一百条　因水污染引起的损害赔偿责任和赔偿金额的纠纷，当事人可以委托环境监测机构提供监测数据。环境监测机构应当接受委托，如实提供有关监测数据。

　　第一百零一条　违反本法规定，构成犯罪的，依法追究刑事责任。

第八章　附　　则

　　第一百零二条　本法中下列用语的含义：

　　（一）水污染，是指水体因某种物质的介入，而导致其化学、物理、生物或者放射性等方面特性的改变，从而影响水的有效利用，危害人体健康或者破坏生态环境，造成水质恶化的现象。

　　（二）水污染物，是指直接或者间接向水体排放的，能导致水体污染的物质。

　　（三）有毒污染物，是指那些直接或者间接被生物摄入体内后，可能导致该生物或者其后代发病、行为反常、遗传异变、生理机能失常、机体变形或者死亡的污染物。

（四）污泥，是指污水处理过程中产生的半固态或者固态物质。

（五）渔业水体，是指划定的鱼虾类的产卵场、索饵场、越冬场、洄游通道和鱼虾贝藻类的养殖场的水体。

第一百零三条 本法自 2018 年 1 月 1 日起施行。

中华人民共和国野生动物保护法

（1988 年 11 月 8 日第七届全国人民代表大会常务委员会第四次会议通过 根据 2004 年 8 月 28 日第十届全国人民代表大会常务委员会第十一次会议《关于修改〈中华人民共和国野生动物保护法〉的决定》第一次修正 根据 2009 年 8 月 27 日第十一届全国人民代表大会常务委员会第十次会议《关于修改部分法律的决定》第二次修正 2016 年 7 月 2 日第十二届全国人民代表大会常务委员会第二十一次会议第一次修订 根据 2018 年 10 月 26 日第十三届全国人民代表大会常务委员会第六次会议《关于修改〈中华人民共和国野生动物保护法〉等十五部法律的决定》第三次修正 2022 年 12 月 30 日第十三届全国人民代表大会常务委员会第三十八次会议第二次修订）

目　录

第五章　附　则

第一章　总　则

第一条　为了保护野生动物，拯救珍贵、濒危野生动物，维护生物多样性和生态平衡，推进生态文明建设，促进人与自然和谐共生，制定本法。

第二条　在中华人民共和国领域及管辖的其他海域，从事野生动物保护及相关活动，适用本法。

本法规定保护的野生动物，是指珍贵、濒危的陆生、水生野生动物和有重要生态、科学、社会价值的陆生野生动物。

本法规定的野生动物及其制品，是指野生动物的整体（含卵、蛋）、部分及衍生物。

珍贵、濒危的水生野生动物以外的其他水生野生动物的保护，适用《中华人民共和国渔业法》等有关法律的规定。

第三条　野生动物资源属于国家所有。

国家保障依法从事野生动物科学研究、人工繁育等保护及相关活动的组织和个人的合法权益。

第四条　国家加强重要生态系统保护和修复，对野生动物实行保护优先、规范利用、严格监管的原则，鼓励和支持开展野生动物科学研究与应用，秉持生态文明理念，推动绿色发展。

第五条　国家保护野生动物及其栖息地。县级以上人民政府应当制定野生动物及其栖息地相关保护规划和措施，并将野生动物保护经费纳入预算。

国家鼓励公民、法人和其他组织依法通过捐赠、资助、志愿服务等方式参与野生动物保护活动，支持野生动物保护公益事业。

本法规定的野生动物栖息地，是指野生动物野外种群生息繁衍的重要区域。

第六条 任何组织和个人有保护野生动物及其栖息地的义务。禁止违法猎捕、运输、交易野生动物，禁止破坏野生动物栖息地。

社会公众应当增强保护野生动物和维护公共卫生安全的意识，防止野生动物源性传染病传播，抵制违法食用野生动物，养成文明健康的生活方式。

任何组织和个人有权举报违反本法的行为，接到举报的县级以上人民政府野生动物保护主管部门和其他有关部门应当及时依法处理。

第七条 国务院林业草原、渔业主管部门分别主管全国陆生、水生野生动物保护工作。

县级以上地方人民政府对本行政区域内野生动物保护工作负责，其林业草原、渔业主管部门分别主管本行政区域内陆生、水生野生动物保护工作。

县级以上人民政府有关部门按照职责分工，负责野生动物保护相关工作。

第八条 各级人民政府应当加强野生动物保护的宣传教育和科学知识普及工作，鼓励和支持基层群众性自治组织、社会组织、企业事业单位、志愿者开展野生动物保护法律法规、生态保护等知识的宣传活动；组织开展对相关从业人员法律法规和专业知识培训；依法公开野生动物保护和管理信息。

教育行政部门、学校应当对学生进行野生动物保护知识教育。

新闻媒体应当开展野生动物保护法律法规和保护知识的宣传，并依法对违法行为进行舆论监督。

第九条 在野生动物保护和科学研究方面成绩显著的组织和个人，由县级以上人民政府按照国家有关规定给予表彰和奖励。

第二章 野生动物及其栖息地保护

第十条 国家对野生动物实行分类分级保护。

国家对珍贵、濒危的野生动物实行重点保护。国家重点保护的野生动物分为一级保护野生动物和二级保护野生动物。国家重点保护野生动物名录，由国务院野生动物保护主管部门组织科学论证评估后，报国务院批准公布。

有重要生态、科学、社会价值的陆生野生动物名录，由国务院野生动物保护主管部门征求国务院农业农村、自然资源、科学技术、生态环境、卫生健康等部门意见，组织科学论证评估后制定并公布。

地方重点保护野生动物，是指国家重点保护野生动物以外，由省、自治区、直辖市重点保护的野生动物。地方重点保护野生动物名录，由省、自治区、直辖市人民政府组织科学论证评估，征求国务院野生动物保护主管部门意见后制定、公布。

对本条规定的名录，应当每五年组织科学论证评估，根据论证评估情况进行调整，也可以根据野生动物保护的实际需要及时进行调整。

第十一条 县级以上人民政府野生动物保护主管部门应当加强信息技术应用，定期组织或者委托有关科学研究机构对野生动物及其栖息地状况进行调查、监测和评估，建立健全野生动物及其栖息地档案。

对野生动物及其栖息地状况的调查、监测和评估应当包括下列内容：

（一）野生动物野外分布区域、种群数量及结构；

（二）野生动物栖息地的面积、生态状况；

（三）野生动物及其栖息地的主要威胁因素；

（四）野生动物人工繁育情况等其他需要调查、监测和评估的内容。

第十二条 国务院野生动物保护主管部门应当会同国务院有关部门，根据野生动物及其栖息地状况的调查、监测和评估结果，确定并发布野生动物重要栖息地名录。

省级以上人民政府依法将野生动物重要栖息地划入国家公园、自然保护区等自然保护地，保护、恢复和改善野生动物生存环境。对不具备划定自然保护地条件的，县级以上人民政府可以采取划定禁猎（渔）区、规定禁猎（渔）期等措施予以保护。

禁止或者限制在自然保护地内引入外来物种、营造单一纯林、过量施洒农药等人为干扰、威胁野生动物生息繁衍的行为。

自然保护地依照有关法律法规的规定划定和管理，野生动物保护主管部门依法加强对野生动物及其栖息地的保护。

第十三条 县级以上人民政府及其有关部门在编制有关开发利用规划时，应当充分考虑野生动物及其栖息地保护的需要，分析、预测和评估规划实施可能对野生动物及其栖息地保护产生的整体影响，避免或者减少规划实施可能造成的不利后果。

禁止在自然保护地建设法律法规规定不得建设的项目。机场、铁路、公路、航道、水利水电、风电、光伏发电、围堰、围填海等建设项目的选址选线，应当避让自然保护地以及其他野生动物重要栖息地、迁徙洄游通道；确实无法避让的，应当采取修建野生动物通道、过鱼设施等措施，消除或者减少对野生动物的不利影响。

建设项目可能对自然保护地以及其他野生动物重要栖息地、迁徙洄游通道产生影响的，环境影响评价文件的审批部门在审批环境影响评价文件时，涉及国家重点保护野生动物的，应当征求国务院野生动物保护主管部门意见；涉及地方重点保护野生动物的，应当征求省、自治区、直辖市人民政府野生动物保护主管部门意见。

第十四条 各级野生动物保护主管部门应当监测环境对野生动物的影响，发现环境影响对野生动物造成危害时，应当会同有关部门及时进行调查处理。

第十五条 国家重点保护野生动物和有重要生态、科学、社会价值的陆生野生动物或者地方重点保护野生动物受到自然灾害、重大环境污染事故等突发事件威胁时，当地人民政府应当及时采取应急救助措施。

国家加强野生动物收容救护能力建设。县级以上人民政府野生动物保护主管部门应当按照国家有关规定组织开展野生动物收容救护工作，加强对社会组织开展野生动物收容救护工作的规范和指导。

收容救护机构应当根据野生动物收容救护的实际需要，建立收容救护场所，配备相应的专业技术人员、救护工具、设备和药品等。

禁止以野生动物收容救护为名买卖野生动物及其制品。

第十六条 野生动物疫源疫病监测、检疫和与人畜共患传染病有关的动物传染病的防治管理，适用《中华人民共和国动物防疫法》等有关法律法规的规定。

第十七条 国家加强对野生动物遗传资源的保护，对濒危野生动物实施抢救性保护。

国务院野生动物保护主管部门应当会同国务院有关部门制定有关野生动物遗传资源保护和利用规划，建立国家野生动物遗传资源基因库，对原产我国的珍贵、濒危野生动物遗传资源实行重点保护。

第十八条 有关地方人民政府应当根据实际情况和需要建设隔离防护设施、设置安全警示标志等，预防野生动物可能造成的危害。

县级以上人民政府野生动物保护主管部门根据野生动物及其栖息地调查、监测和评估情况，对种群数量明显超过环境容量的物种，可以采取迁地保护、猎捕等种群调控措施，保障人身财产安全、生态安全和农业生产。对种群调控猎捕的野生动物按照国家有关规定进行处理和综合利用。种群调控的具体办法由国务院野生动物保护主管部门会同国务院有关部门制定。

第十九条 因保护本法规定保护的野生动物，造成人员伤亡、农作物或者其他财产损失的，由当地人民政府给予补偿。具体办法由省、自治区、直辖市人民政府制定。有关地方人民政府可以推动保险机构开展野生动物致害赔偿保险业务。

有关地方人民政府采取预防、控制国家重点保护野生动物和其他致害严重的陆生野生动物造成危害的措施以及实行补偿所需经费，由中央财政予以补助。具体办法由国务院财政部门会同国务院野生动物保护主管部门制定。

在野生动物危及人身安全的紧急情况下，采取措施造成野生动物损害的，依法不承担法律责任。

第三章 野生动物管理

第二十条 在自然保护地和禁猎（渔）区、禁猎（渔）期内，禁止猎捕以及其他妨碍野生动物生息繁衍的活动，但法律法规另有规定的除外。

野生动物迁徙洄游期间，在前款规定区域外的迁徙洄游通道内，禁止猎捕并严格限制其他妨碍野生动物生息繁衍的活动。县级以上人民政府或者其野生动物保护主管部门应当规定并公布迁徙洄游通道的范围以及妨碍野生动物生息繁衍活动的内容。

第二十一条 禁止猎捕、杀害国家重点保护野生动物。

因科学研究、种群调控、疫源疫病监测或者其他特殊情况，需要猎捕国家一级保护野生动物的，应当向国务院野生动物保护主管部门申请特许猎捕证；需要猎捕国家二级保护野生动物的，应当向省、自治区、直辖市人民政府野生动物保护主管部门申请特许猎捕证。

第二十二条 猎捕有重要生态、科学、社会价值的陆生野生动物和地方重点保护野生动物的，应当依法取得县级以上地方人民政府野生动物保护主管部门核发的狩猎证，并服从猎捕量限额管理。

第二十三条 猎捕者应当严格按照特许猎捕证、狩猎证规定的种类、数量或者限额、地点、工具、方法和期限进行猎捕。猎捕作业完成后，应当将猎捕情况向核发特许猎捕证、狩猎证的野生动物保护主管部门备案。具体办法由国务院野生动物保护主管部门制定。猎捕国家重点保护野生动物应当由专业机构和人员承担；猎捕有重要生态、科学、社会价值的陆生野生动物，有条件的地方可以由专业机构有组织开展。

持枪猎捕的，应当依法取得公安机关核发的持枪证。

第二十四条 禁止使用毒药、爆炸物、电击或者电子诱捕装置以及猎套、猎夹、捕鸟网、地枪、排铳等工具进行猎捕，禁止使用夜间照明行猎、歼灭性围猎、捣毁巢穴、火攻、烟熏、网捕等方法进行猎捕，但因物种保护、科学研究确需网捕、电子诱捕以及植保作业等除外。

前款规定以外的禁止使用的猎捕工具和方法，由县级以上地方人民政府规定并公布。

第二十五条 人工繁育野生动物实行分类分级管理，严格保护和科学利用野生动物资源。国家支持有关科学研究机构因物种保护目的人工繁育国家重点保护野生动物。

人工繁育国家重点保护野生动物实行许可制度。人工繁育国家重点保护野生动物的，应当经省、自治区、直辖市人民政府野生动物保护主管部门批准，取得人工繁育许可证，但国务院对批准机关另有规定的除外。

人工繁育有重要生态、科学、社会价值的陆生野生动物的，应当向县级人民政府野生动物保护主管部门备案。

人工繁育野生动物应当使用人工繁育子代种源，建立物种系谱、繁育档案和个体数据。因物种保护目的确需采用野外种源的，应当遵守本法有关猎捕野生动物的规定。

本法所称人工繁育子代，是指人工控制条件下繁殖出生的子代个体且其亲本也在人工控制条件下出生。

人工繁育野生动物的具体管理办法由国务院野生动物保护主管部门制定。

第二十六条 人工繁育野生动物应当有利于物种保护及其科学研究，不得违法猎捕野生动物，破坏野外种群资源，并根据野生动物习性确保其具有必要的活动空间和生息繁衍、卫生健康条件，具备与其繁育目的、种类、发展规模相适应的场所、设施、技术，符合有关技术标准和防疫要求，不得虐待野生动物。

省级以上人民政府野生动物保护主管部门可以根据保护国家重点保护野生动物的需要，组织开展国家重点保护野生动物放归野外环境工作。

前款规定以外的人工繁育的野生动物放归野外环境的，适用本法有关放生野生动物管理的规定。

第二十七条 人工繁育野生动物应当采取安全措施，防止野生动物伤人和逃逸。人工繁育的野生动物造成他人损害、危害公共安全或者破坏生态的，饲养人、管理人等应当依法承担法律责任。

第二十八条 禁止出售、购买、利用国家重点保护野生动物及其制品。

因科学研究、人工繁育、公众展示展演、文物保护或者其他特殊情况，需要出售、购买、利用国家重点保护野生动物及其制品的，应当经省、自治区、直辖市人民政府野生动物保护主管部门批准，并按照规定取得和使用专用标识，保证可追溯，但国务院对批准机关另有规定的除外。

出售、利用有重要生态、科学、社会价值的陆生野生动物和地方重点保护野生动物及其制品的，应当提供狩猎、人工繁育、进出口等合法来源证明。

实行国家重点保护野生动物和有重要生态、科学、社会价值的陆生野生动物及其制品专用标识的范围和管理办法，由国务院野生动物保护主管部门规定。

出售本条第二款、第三款规定的野生动物的，还应当依法附有检疫证明。

利用野生动物进行公众展示展演应当采取安全管理措施，并保障野生动物健康状态，具体管理办法由国务院野生动物保护主管部门会同国务院有关部门制定。

第二十九条 对人工繁育技术成熟稳定的国家重点保护野生动物或者有重要生态、科学、社会价值的陆生野生动物，经科学论证评估，纳入国务院野生动物保护主管部门制定的人工繁育国家重点保护野生动物名录或者有重要生态、科学、社会价值的陆生野生动物名录，并适时调整。对列入名录的野生动物及其制品，可以凭人工繁育许可证或者备案，按照省、自治区、直辖市人民政府野生动物保护主管部门或者其授权的部门核验的年度生产数量直接取得专用标识，凭专用标识出售和利用，保证可追溯。

对本法第十条规定的国家重点保护野生动物名录和有重要生态、科学、社会价值的陆生野生动物名录进行调整时，根据有关野外种群保护情况，可以对前款规定的有关人工繁育技术成熟稳定野生动物的人工种群，不再列入国家重点保护野生动物名录和有重要生态、科学、社会价值的陆生野生动物名录，实行与野外种群不同的管理措施，但应当依照本法第二十五条第二款、第三款和本条第一款的规定取得人工繁育许可证或者备案和专用标识。

对符合《中华人民共和国畜牧法》第十二条第二款规定的陆生野生动物人工繁育种群，经科学论证评估，可以列入畜禽遗传资源目录。

第三十条　利用野生动物及其制品的，应当以人工繁育种群为主，有利于野外种群养护，符合生态文明建设的要求，尊重社会公德，遵守法律法规和国家有关规定。

野生动物及其制品作为药品等经营和利用的，还应当遵守《中华人民共和国药品管理法》等有关法律法规的规定。

第三十一条　禁止食用国家重点保护野生动物和国家保护的有重要生态、科学、社会价值的陆生野生动物以及其他陆生野生动物。

禁止以食用为目的猎捕、交易、运输在野外环境自然生长繁殖的前款规定的野生动物。

禁止生产、经营使用本条第一款规定的野生动物及其制品制作的食品。

禁止为食用非法购买本条第一款规定的野生动物及其制品。

第三十二条　禁止为出售、购买、利用野生动物或者禁止使用的猎捕工具发布广告。禁止为违法出售、购买、利用野生动物制品发布广告。

第三十三条　禁止网络平台、商品交易市场、餐饮场所等，为违法出售、购买、食用及利用野生动物及其制品或者禁止使用的猎捕工具提供展示、交易、消费服务。

第三十四条 运输、携带、寄递国家重点保护野生动物及其制品，或者依照本法第二十九条第二款规定调出国家重点保护野生动物名录的野生动物及其制品出县境的，应当持有或者附有本法第二十一条、第二十五条、第二十八条或者第二十九条规定的许可证、批准文件的副本或者专用标识。

运输、携带、寄递有重要生态、科学、社会价值的陆生野生动物和地方重点保护野生动物，或者依照本法第二十九条第二款规定调出有重要生态、科学、社会价值的陆生野生动物名录的野生动物出县境的，应当持有狩猎、人工繁育、进出口等合法来源证明或者专用标识。

运输、携带、寄递前两款规定的野生动物出县境的，还应当依照《中华人民共和国动物防疫法》的规定附有检疫证明。

铁路、道路、水运、民航、邮政、快递等企业对托运、携带、交寄野生动物及其制品的，应当查验其相关证件、文件副本或者专用标识，对不符合规定的，不得承运、寄递。

第三十五条 县级以上人民政府野生动物保护主管部门应当对科学研究、人工繁育、公众展示展演等利用野生动物及其制品的活动进行规范和监督管理。

市场监督管理、海关、铁路、道路、水运、民航、邮政等部门应当按照职责分工对野生动物及其制品交易、利用、运输、携带、寄递等活动进行监督检查。

国家建立由国务院林业草原、渔业主管部门牵头，各相关部门配合的野生动物联合执法工作协调机制。地方人民政府建立相应联合执法工作协调机制。

县级以上人民政府野生动物保护主管部门和其他负有野生动物保护职责的部门发现违法事实涉嫌犯罪的，应当将犯罪线索移送具有侦查、调查职权的机关。

公安机关、人民检察院、人民法院在办理野生动物保护犯罪案件过程中认为没有犯罪事实，或者犯罪事实显著轻微，不需要追究刑事责任，但应当予以行政处罚的，应当及时将案件移送县级以上人民政府野生动物保护主管部门和其他负有野生动物保护职责的部门，有关部门应当依法处理。

第三十六条　县级以上人民政府野生动物保护主管部门和其他负有野生动物保护职责的部门，在履行本法规定的职责时，可以采取下列措施：

（一）进入与违反野生动物保护管理行为有关的场所进行现场检查、调查；

（二）对野生动物进行检验、检测、抽样取证；

（三）查封、复制有关文件、资料，对可能被转移、销毁、隐匿或者篡改的文件、资料予以封存；

（四）查封、扣押无合法来源证明的野生动物及其制品，查封、扣押涉嫌非法猎捕野生动物或者非法收购、出售、加工、运输猎捕野生动物及其制品的工具、设备或者财物。

第三十七条　中华人民共和国缔结或者参加的国际公约禁止或者限制贸易的野生动物或者其制品名录，由国家濒危物种进出口管理机构制定、调整并公布。

进出口列入前款名录的野生动物或者其制品，或者出口国家重点保护野生动物或者其制品的，应当经国务院野生动物保护主管部门或者国务院批准，并取得国家濒危物种进出口管理机构核发的允许进出口证明书。海关凭允许进出口证明书办理进出境检疫，并依法办理其他海关手续。

涉及科学技术保密的野生动物物种的出口，按照国务院有关规定办理。

列入本条第一款名录的野生动物，经国务院野生动物保护主管部门核准，按照本法有关规定进行管理。

第三十八条 禁止向境外机构或者人员提供我国特有的野生动物遗传资源。开展国际科学研究合作的，应当依法取得批准，有我国科研机构、高等学校、企业及其研究人员实质性参与研究，按照规定提出国家共享惠益的方案，并遵守我国法律、行政法规的规定。

第三十九条 国家组织开展野生动物保护及相关执法活动的国际合作与交流，加强与毗邻国家的协作，保护野生动物迁徙通道；建立防范、打击野生动物及其制品的走私和非法贸易的部门协调机制，开展防范、打击走私和非法贸易行动。

第四十条 从境外引进野生动物物种的，应当经国务院野生动物保护主管部门批准。从境外引进列入本法第三十七条第一款名录的野生动物，还应当依法取得允许进出口证明书。海关凭进口批准文件或者允许进出口证明书办理进境检疫，并依法办理其他海关手续。

从境外引进野生动物物种的，应当采取安全可靠的防范措施，防止其进入野外环境，避免对生态系统造成危害；不得违法放生、丢弃，确需将其放生至野外环境的，应当遵守有关法律法规的规定。

发现来自境外的野生动物对生态系统造成危害的，县级以上人民政府野生动物保护等有关部门应当采取相应的安全控制措施。

第四十一条 国务院野生动物保护主管部门应当会同国务院有关部门加强对放生野生动物活动的规范、引导。任何组织和个人将野生动物放生至野外环境，应当选择适合放生地野外生存的当地物种，不得干扰当地居民的正常生活、生产，避免对生态系统造成危害。具体办法由国务院野生动物保护主管部门制定。随意放生野生动物，造成他人人身、财产损害或者危害生态系统的，依法承担法律责任。

第四十二条　禁止伪造、变造、买卖、转让、租借特许猎捕证、狩猎证、人工繁育许可证及专用标识，出售、购买、利用国家重点保护野生动物及其制品的批准文件，或者允许进出口证明书、进出口等批准文件。

前款规定的有关许可证书、专用标识、批准文件的发放有关情况，应当依法公开。

第四十三条　外国人在我国对国家重点保护野生动物进行野外考察或者在野外拍摄电影、录像，应当经省、自治区、直辖市人民政府野生动物保护主管部门或者其授权的单位批准，并遵守有关法律法规的规定。

第四十四条　省、自治区、直辖市人民代表大会或者其常务委员会可以根据地方实际情况制定对地方重点保护野生动物等的管理办法。

第四章　法律责任

第四十五条　野生动物保护主管部门或者其他有关部门不依法作出行政许可决定，发现违法行为或者接到对违法行为的举报不依法处理，或者有其他滥用职权、玩忽职守、徇私舞弊等不依法履行职责的行为的，对直接负责的主管人员和其他直接责任人员依法给予处分；构成犯罪的，依法追究刑事责任。

第四十六条　违反本法第十二条第三款、第十三条第二款规定的，依照有关法律法规的规定处罚。

第四十七条　违反本法第十五条第四款规定，以收容救护为名买卖野生动物及其制品的，由县级以上人民政府野生动物保护主管部门没收野生动物及其制品、违法所得，并处野生动物及其制品价值二倍以上二十倍以下罚款，将有关违法信息记入社会信用记录，并向社会公布；构成犯罪的，依法追究刑事责任。

第四十八条 违反本法第二十条、第二十一条、第二十三条第一款、第二十四条第一款规定，有下列行为之一的，由县级以上人民政府野生动物保护主管部门、海警机构和有关自然保护地管理机构按照职责分工没收猎获物、猎捕工具和违法所得，吊销特许猎捕证，并处猎获物价值二倍以上二十倍以下罚款；没有猎获物或者猎获物价值不足五千元的，并处一万元以上十万元以下罚款；构成犯罪的，依法追究刑事责任：

（一）在自然保护地、禁猎（渔）区、禁猎（渔）期猎捕国家重点保护野生动物；

（二）未取得特许猎捕证、未按照特许猎捕证规定猎捕、杀害国家重点保护野生动物；

（三）使用禁用的工具、方法猎捕国家重点保护野生动物。

违反本法第二十三条第一款规定，未将猎捕情况向野生动物保护主管部门备案的，由核发特许猎捕证、狩猎证的野生动物保护主管部门责令限期改正；逾期不改正的，处一万元以上十万元以下罚款；情节严重的，吊销特许猎捕证、狩猎证。

第四十九条 违反本法第二十条、第二十二条、第二十三条第一款、第二十四条第一款规定，有下列行为之一的，由县级以上地方人民政府野生动物保护主管部门和有关自然保护地管理机构按照职责分工没收猎获物、猎捕工具和违法所得，吊销狩猎证，并处猎获物价值一倍以上十倍以下罚款；没有猎获物或者猎获物价值不足二千元的，并处二千元以上二万元以下罚款；构成犯罪的，依法追究刑事责任：

（一）在自然保护地、禁猎（渔）区、禁猎（渔）期猎捕有重要生态、科学、社会价值的陆生野生动物或者地方重点保护野生动物；

（二）未取得狩猎证、未按照狩猎证规定猎捕有重要生态、科学、社会价值的陆生野生动物或者地方重点保护野生动物；

（三）使用禁用的工具、方法猎捕有重要生态、科学、社会价值的陆生野生动物或者地方重点保护野生动物。

违反本法第二十条、第二十四条第一款规定，在自然保护地、禁猎区、禁猎期或者使用禁用的工具、方法猎捕其他陆生野生动物，破坏生态的，由县级以上地方人民政府野生动物保护主管部门和有关自然保护地管理机构按照职责分工没收猎获物、猎捕工具和违法所得，并处猎获物价值一倍以上三倍以下罚款；没有猎获物或者猎获物价值不足一千元的，并处一千元以上三千元以下罚款；构成犯罪的，依法追究刑事责任。

违反本法第二十三条第二款规定，未取得持枪证持枪猎捕野生动物，构成违反治安管理行为的，还应当由公安机关依法给予治安管理处罚；构成犯罪的，依法追究刑事责任。

第五十条 违反本法第三十一条第二款规定，以食用为目的猎捕、交易、运输在野外环境自然生长繁殖的国家重点保护野生动物或者有重要生态、科学、社会价值的陆生野生动物的，依照本法第四十八条、第四十九条、第五十二条的规定从重处罚。

违反本法第三十一条第二款规定，以食用为目的猎捕在野外环境自然生长繁殖的其他陆生野生动物的，由县级以上地方人民政府野生动物保护主管部门和有关自然保护地管理机构按照职责分工没收猎获物、猎捕工具和违法所得；情节严重的，并处猎获物价值一倍以上五倍以下罚款，没有猎获物或者猎获物价值不足二千元的，并处二千元以上一万元以下罚款；构成犯罪的，依法追究刑事责任。

违反本法第三十一条第二款规定，以食用为目的交易、运输在野外环境自然生长繁殖的其他陆生野生动物的，由县级以上地方人民政府野生动物保护主管部门和市场监督管理部门按照职责分工没收野生动物；情节严重的，并处野生动物价值一倍以上五倍以下罚款；构成犯罪的，依法追究刑事责任。

第五十一条　违反本法第二十五条第二款规定，未取得人工繁育许可证，繁育国家重点保护野生动物或者依照本法第二十九条第二款规定调出国家重点保护野生动物名录的野生动物的，由县级以上人民政府野生动物保护主管部门没收野生动物及其制品，并处野生动物及其制品价值一倍以上十倍以下罚款。

违反本法第二十五条第三款规定，人工繁育有重要生态、科学、社会价值的陆生野生动物或者依照本法第二十九条第二款规定调出有重要生态、科学、社会价值的陆生野生动物名录的野生动物未备案的，由县级人民政府野生动物保护主管部门责令限期改正；逾期不改正的，处五百元以上二千元以下罚款。

第五十二条　违反本法第二十八条第一款和第二款、第二十九条第一款、第三十四条第一款规定，未经批准、未取得或者未按照规定使用专用标识，或者未持有、未附有人工繁育许可证、批准文件的副本或者专用标识出售、购买、利用、运输、携带、寄递国家重点保护野生动物及其制品或者依照本法第二十九条第二款规定调出国家重点保护野生动物名录的野生动物及其制品的，由县级以上人民政府野生动物保护主管部门和市场监督管理部门按照职责分工没收野生动物及其制品和违法所得，责令关闭违法经营场所，并处野生动物及其制品价值二倍以上二十倍以下罚款；情节严重的，吊销人工繁育许可证、撤销批准文件、收回专用标识；构成犯罪的，依法追究刑事责任。

违反本法第二十八条第三款、第二十九条第一款、第三十四条第二款规定，未持有合法来源证明或者专用标识出售、利用、运输、携带、寄递有重要生态、科学、社会价值的陆生野生动物、地方重点保护野生动物或者依照本法第二十九条第二款规定调出有重要生态、科学、社会价值的陆生野生动物名录的野生动物及其制品的，由县级以上地方人民政府野生动物保护主管部门和市场监督管理部门按照职责分工没收野生动物，并处野生动物价值一倍以上十倍以下罚款；构成犯罪的，依法追究刑事责任。

违反本法第三十四条第四款规定，铁路、道路、水运、民航、邮政、快递等企业未按照规定查验或者承运、寄递野生动物及其制品的，由交通运输、铁路监督管理、民用航空、邮政管理等相关主管部门按照职责分工没收违法所得，并处违法所得一倍以上五倍以下罚款；情节严重的，吊销经营许可证。

第五十三条 违反本法第三十一条第一款、第四款规定，食用或者为食用非法购买本法规定保护的野生动物及其制品的，由县级以上人民政府野生动物保护主管部门和市场监督管理部门按照职责分工责令停止违法行为，没收野生动物及其制品，并处野生动物及其制品价值二倍以上二十倍以下罚款；食用或者为食用非法购买其他陆生野生动物及其制品的，责令停止违法行为，给予批评教育，没收野生动物及其制品，情节严重的，并处野生动物及其制品价值一倍以上五倍以下罚款；构成犯罪的，依法追究刑事责任。

违反本法第三十一条第三款规定，生产、经营使用本法规定保护的野生动物及其制品制作的食品的，由县级以上人民政府野生动物保护主管部门和市场监督管理部门按照职责分工责令停止违法行为，没收野生动物及其制品和违法所得，责令关闭违法经营场所，并处违法所得十五倍以上三十倍以下罚款；生产、经营使用其他陆生野生动物及其制品制作的食品的，给予批评教育，没收野生动物及其制品和违法所得，情节严重的，并处违法所得一倍以上十倍以下罚款；构成犯罪的，依法追究刑事责任。

第五十四条　违反本法第三十二条规定，为出售、购买、利用野生动物及其制品或者禁止使用的猎捕工具发布广告的，依照《中华人民共和国广告法》的规定处罚。

第五十五条　违反本法第三十三条规定，为违法出售、购买、食用及利用野生动物及其制品或者禁止使用的猎捕工具提供展示、交易、消费服务的，由县级以上人民政府市场监督管理部门责令停止违法行为，限期改正，没收违法所得，并处违法所得二倍以上十倍以下罚款；没有违法所得或者违法所得不足五千元的，处一万元以上十万元以下罚款；构成犯罪的，依法追究刑事责任。

第五十六条　违反本法第三十七条规定，进出口野生动物及其制品的，由海关、公安机关、海警机构依照法律、行政法规和国家有关规定处罚；构成犯罪的，依法追究刑事责任。

第五十七条　违反本法第三十八条规定，向境外机构或者人员提供我国特有的野生动物遗传资源的，由县级以上人民政府野生动物保护主管部门没收野生动物及其制品和违法所得，并处野生动物及其制品价值或者违法所得一倍以上五倍以下罚款；构成犯罪的，依法追究刑事责任。

第五十八条　违反本法第四十条第一款规定，从境外引进野生动物物种的，由县级以上人民政府野生动物保护主管部门没收所引进的野生动物，并处五万元以上五十万元以下罚款；未依法实施进境检疫的，依照《中华人民共和国进出境动植物检疫法》的规定处罚；构成犯罪的，依法追究刑事责任。

第五十九条　违反本法第四十条第二款规定，将从境外引进的野生动物放生、丢弃的，由县级以上人民政府野生动物保护主管部门责令限期捕回，处一万元以上十万元以下罚款；逾期不捕回的，由有关野生动物保护主管部门代为捕回或者采取降低影响的措施，所需费用由被责令限期捕回者承担；构成犯罪的，依法追究刑事责任。

第六十条　违反本法第四十二条第一款规定，伪造、变造、买卖、转让、租借有关证件、专用标识或者有关批准文件的，由县级以上人民政府野生动物保护主管部门没收违法证件、专用标识、有关批准文件和违法所得，并处五万元以上五十万元以下罚款；构成违反治安管理行为的，由公安机关依法给予治安管理处罚；构成犯罪的，依法追究刑事责任。

第六十一条　县级以上人民政府野生动物保护主管部门和其他负有野生动物保护职责的部门、机构应当按照有关规定处理罚没的野生动物及其制品，具体办法由国务院野生动物保护主管部门会同国务院有关部门制定。

第六十二条　县级以上人民政府野生动物保护主管部门应当加强对野生动物及其制品鉴定、价值评估工作的规范、指导。本法规定的猎获物价值、野生动物及其制品价值的评估标准和方法，由国务院野生动物保护主管部门制定。

第六十三条　对违反本法规定破坏野生动物资源、生态环境，损害社会公共利益的行为，可以依照《中华人民共和国环境保护法》《中华人民共和国民事诉讼法》《中华人民共和国行政诉讼法》等法律的规定向人民法院提起诉讼。

第五章　附　则

第六十四条　本法自 2023 年 5 月 1 日起施行。

中华人民共和国节约能源法

（1997 年 11 月 1 日第八届全国人民代表大会常务委员会第二十八次会议通过　2007 年 10 月 28 日第十届全国人民代表大会常务委员会第三十次会议修订　根据 2016 年 7 月 2 日第十二届全国人民代表大会常务委员会第二十一次会议《关于修改〈中华人民共和国节约能源法〉等六部法律的决定》第一次修正　根据 2018 年 10 月 26 日第十三届全国人民代表大会常务委员会第六次会议《关于修改〈中华人民共和国野生动物保护法〉等十五部法律的决定》第二次修正）

目　录

第一章　总　则

第一条　为了推动全社会节约能源，提高能源利用效率，保护和改善环境，促进经济社会全面协调可持续发展，制定本法。

第二条　本法所称能源，是指煤炭、石油、天然气、生物质能和电力、热力以及其他直接或者通过加工、转换而取得有用能的各种资源。

第三条　本法所称节约能源（以下简称节能），是指加强用能管理，采取技术上可行、经济上合理以及环境和社会可以承受的措施，从能源生产到消费的各个环节，降低消耗、减少损失和污染物排放、制止浪费，有效、合理地利用能源。

第四条　节约资源是我国的基本国策。国家实施节约与开发并举、把节约放在首位的能源发展战略。

第五条　国务院和县级以上地方各级人民政府应当将节能工作纳入国民经济和社会发展规划、年度计划，并组织编制和实施节能中长期专项规划、年度节能计划。

国务院和县级以上地方各级人民政府每年向本级人民代表大会或者其常务委员会报告节能工作。

第六条　国家实行节能目标责任制和节能考核评价制度，将节能目标完成情况作为对地方人民政府及其负责人考核评价的内容。

省、自治区、直辖市人民政府每年向国务院报告节能目标责任的履行情况。

第七条 国家实行有利于节能和环境保护的产业政策,限制发展高耗能、高污染行业,发展节能环保型产业。

国务院和省、自治区、直辖市人民政府应当加强节能工作,合理调整产业结构、企业结构、产品结构和能源消费结构,推动企业降低单位产值能耗和单位产品能耗,淘汰落后的生产能力,改进能源的开发、加工、转换、输送、储存和供应,提高能源利用效率。国家鼓励、支持开发和利用新能源、可再生能源。

第八条 国家鼓励、支持节能科学技术的研究、开发、示范和推广,促进节能技术创新与进步。

国家开展节能宣传和教育,将节能知识纳入国民教育和培训体系,普及节能科学知识,增强全民的节能意识,提倡节约型的消费方式。

第九条 任何单位和个人都应当依法履行节能义务,有权检举浪费能源的行为。

新闻媒体应当宣传节能法律、法规和政策,发挥舆论监督作用。

第十条 国务院管理节能工作的部门主管全国的节能监督管理工作。国务院有关部门在各自的职责范围内负责节能监督管理工作,并接受国务院管理节能工作的部门的指导。

县级以上地方各级人民政府管理节能工作的部门负责本行政区域内的节能监督管理工作。县级以上地方各级人民政府有关部门在各自的职责范围内负责节能监督管理工作,并接受同级管理节能工作的部门的指导。

第二章 节能管理

第十一条 国务院和县级以上地方各级人民政府应当加强对节能工作的领导,部署、协调、监督、检查、推动节能工作。

第十二条 县级以上人民政府管理节能工作的部门和有关部门应当在各自的职责范围内，加强对节能法律、法规和节能标准执行情况的监督检查，依法查处违法用能行为。

履行节能监督管理职责不得向监督管理对象收取费用。

第十三条 国务院标准化主管部门和国务院有关部门依法组织制定并适时修订有关节能的国家标准、行业标准，建立健全节能标准体系。

国务院标准化主管部门会同国务院管理节能工作的部门和国务院有关部门制定强制性的用能产品、设备能源效率标准和生产过程中耗能高的产品的单位产品能耗限额标准。

国家鼓励企业制定严于国家标准、行业标准的企业节能标准。

省、自治区、直辖市制定严于强制性国家标准、行业标准的地方节能标准，由省、自治区、直辖市人民政府报经国务院批准；本法另有规定的除外。

第十四条 建筑节能的国家标准、行业标准由国务院建设主管部门组织制定，并依照法定程序发布。

省、自治区、直辖市人民政府建设主管部门可以根据本地实际情况，制定严于国家标准或者行业标准的地方建筑节能标准，并报国务院标准化主管部门和国务院建设主管部门备案。

第十五条 国家实行固定资产投资项目节能评估和审查制度。不符合强制性节能标准的项目，建设单位不得开工建设；已经建成的，不得投入生产、使用。政府投资项目不符合强制性节能标准的，依法负责项目审批的机关不得批准建设。具体办法由国务院管理节能工作的部门会同国务院有关部门制定。

第十六条 国家对落后的耗能过高的用能产品、设备和生产工艺实行淘汰制度。淘汰的用能产品、设备、生产工艺的目录和实施办法，由国务院管理节能工作的部门会同国务院有关部门制定并公布。

生产过程中耗能高的产品的生产单位，应当执行单位产品能耗限额标准。对超过单位产品能耗限额标准用能的生产单位，由管理节能工作的部门按照国务院规定的权限责令限期治理。

对高耗能的特种设备，按照国务院的规定实行节能审查和监管。

第十七条　禁止生产、进口、销售国家明令淘汰或者不符合强制性能源效率标准的用能产品、设备；禁止使用国家明令淘汰的用能设备、生产工艺。

第十八条　国家对家用电器等使用面广、耗能量大的用能产品，实行能源效率标识管理。实行能源效率标识管理的产品目录和实施办法，由国务院管理节能工作的部门会同国务院市场监督管理部门制定并公布。

第十九条　生产者和进口商应当对列入国家能源效率标识管理产品目录的用能产品标注能源效率标识，在产品包装物上或者说明书中予以说明，并按照规定报国务院市场监督管理部门和国务院管理节能工作的部门共同授权的机构备案。

生产者和进口商应当对其标注的能源效率标识及相关信息的准确性负责。禁止销售应当标注而未标注能源效率标识的产品。

禁止伪造、冒用能源效率标识或者利用能源效率标识进行虚假宣传。

第二十条　用能产品的生产者、销售者，可以根据自愿原则，按照国家有关节能产品认证的规定，向经国务院认证认可监督管理部门认可的从事节能产品认证的机构提出节能产品认证申请；经认证合格后，取得节能产品认证证书，可以在用能产品或者其包装物上使用节能产品认证标志。

禁止使用伪造的节能产品认证标志或者冒用节能产品认证标志。

第二十一条 县级以上各级人民政府统计部门应当会同同级有关部门，建立健全能源统计制度，完善能源统计指标体系，改进和规范能源统计方法，确保能源统计数据真实、完整。

国务院统计部门会同国务院管理节能工作的部门，定期向社会公布各省、自治区、直辖市以及主要耗能行业的能源消费和节能情况等信息。

第二十二条 国家鼓励节能服务机构的发展，支持节能服务机构开展节能咨询、设计、评估、检测、审计、认证等服务。

国家支持节能服务机构开展节能知识宣传和节能技术培训，提供节能信息、节能示范和其他公益性节能服务。

第二十三条 国家鼓励行业协会在行业节能规划、节能标准的制定和实施、节能技术推广、能源消费统计、节能宣传培训和信息咨询等方面发挥作用。

第三章　合理使用与节约能源

第一节　一般规定

第二十四条 用能单位应当按照合理用能的原则，加强节能管理，制定并实施节能计划和节能技术措施，降低能源消耗。

第二十五条 用能单位应当建立节能目标责任制，对节能工作取得成绩的集体、个人给予奖励。

第二十六条 用能单位应当定期开展节能教育和岗位节能培训。

第二十七条 用能单位应当加强能源计量管理，按照规定配备和使用经依法检定合格的能源计量器具。用能单位应当建立能源消费统计和能源利用状况分析制度，对各类能源的消费实行分类计量和统计，并确保能源消费统计数据真实、完整。

第二十八条　能源生产经营单位不得向本单位职工无偿提供能源。任何单位不得对能源消费实行包费制。

第二节　工业节能

第二十九条　国务院和省、自治区、直辖市人民政府推进能源资源优化开发利用和合理配置，推进有利于节能的行业结构调整，优化用能结构和企业布局。

第三十条　国务院管理节能工作的部门会同国务院有关部门制定电力、钢铁、有色金属、建材、石油加工、化工、煤炭等主要耗能行业的节能技术政策，推动企业节能技术改造。

第三十一条　国家鼓励工业企业采用高效、节能的电动机、锅炉、窑炉、风机、泵类等设备，采用热电联产、余热余压利用、洁净煤以及先进的用能监测和控制等技术。

第三十二条　电网企业应当按照国务院有关部门制定的节能发电调度管理的规定，安排清洁、高效和符合规定的热电联产、利用余热余压发电的机组以及其他符合资源综合利用规定的发电机组与电网并网运行，上网电价执行国家有关规定。

第三十三条　禁止新建不符合国家规定的燃煤发电机组、燃油发电机组和燃煤热电机组。

第三节　建筑节能

第三十四条　国务院建设主管部门负责全国建筑节能的监督管理工作。

县级以上地方各级人民政府建设主管部门负责本行政区域内建筑节能的监督管理工作。

县级以上地方各级人民政府建设主管部门会同同级管理节能工作的部门编制本行政区域内的建筑节能规划。建筑节能规划应当包括既有建筑节能改造计划。

第三十五条 建筑工程的建设、设计、施工和监理单位应当遵守建筑节能标准。

不符合建筑节能标准的建筑工程，建设主管部门不得批准开工建设；已经开工建设的，应当责令停止施工、限期改正；已经建成的，不得销售或者使用。

建设主管部门应当加强对在建建筑工程执行建筑节能标准情况的监督检查。

第三十六条 房地产开发企业在销售房屋时，应当向购买人明示所售房屋的节能措施、保温工程保修期等信息，在房屋买卖合同、质量保证书和使用说明书中载明，并对其真实性、准确性负责。

第三十七条 使用空调采暖、制冷的公共建筑应当实行室内温度控制制度。具体办法由国务院建设主管部门制定。

第三十八条 国家采取措施，对实行集中供热的建筑分步骤实行供热分户计量、按照用热量收费的制度。新建建筑或者对既有建筑进行节能改造，应当按照规定安装用热计量装置、室内温度调控装置和供热系统调控装置。具体办法由国务院建设主管部门会同国务院有关部门制定。

第三十九条 县级以上地方各级人民政府有关部门应当加强城市节约用电管理，严格控制公用设施和大型建筑物装饰性景观照明的能耗。

第四十条 国家鼓励在新建建筑和既有建筑节能改造中使用新

型墙体材料等节能建筑材料和节能设备，安装和使用太阳能等可再生能源利用系统。

第四节 交通运输节能

第四十一条 国务院有关交通运输主管部门按照各自的职责负责全国交通运输相关领域的节能监督管理工作。

国务院有关交通运输主管部门会同国务院管理节能工作的部门分别制定相关领域的节能规划。

第四十二条 国务院及其有关部门指导、促进各种交通运输方式协调发展和有效衔接，优化交通运输结构，建设节能型综合交通运输体系。

第四十三条 县级以上地方各级人民政府应当优先发展公共交通，加大对公共交通的投入，完善公共交通服务体系，鼓励利用公共交通工具出行；鼓励使用非机动交通工具出行。

第四十四条 国务院有关交通运输主管部门应当加强交通运输组织管理，引导道路、水路、航空运输企业提高运输组织化程度和集约化水平，提高能源利用效率。

第四十五条 国家鼓励开发、生产、使用节能环保型汽车、摩托车、铁路机车车辆、船舶和其他交通运输工具，实行老旧交通运输工具的报废、更新制度。

国家鼓励开发和推广应用交通运输工具使用的清洁燃料、石油替代燃料。

第四十六条 国务院有关部门制定交通运输营运车船的燃料消耗量限值标准；不符合标准的，不得用于营运。

国务院有关交通运输主管部门应当加强对交通运输营运车船燃料消耗检测的监督管理。

第五节　公共机构节能

第四十七条　公共机构应当厉行节约，杜绝浪费，带头使用节能产品、设备，提高能源利用效率。

本法所称公共机构，是指全部或者部分使用财政性资金的国家机关、事业单位和团体组织。

第四十八条　国务院和县级以上地方各级人民政府管理机关事务工作的机构会同同级有关部门制定和组织实施本级公共机构节能规划。公共机构节能规划应当包括公共机构既有建筑节能改造计划。

第四十九条　公共机构应当制定年度节能目标和实施方案，加强能源消费计量和监测管理，向本级人民政府管理机关事务工作的机构报送上年度的能源消费状况报告。

国务院和县级以上地方各级人民政府管理机关事务工作的机构会同同级有关部门按照管理权限，制定本级公共机构的能源消耗定额，财政部门根据该定额制定能源消耗支出标准。

第五十条　公共机构应当加强本单位用能系统管理，保证用能系统的运行符合国家相关标准。

公共机构应当按照规定进行能源审计，并根据能源审计结果采取提高能源利用效率的措施。

第五十一条　公共机构采购用能产品、设备，应当优先采购列入节能产品、设备政府采购名录中的产品、设备。禁止采购国家明令淘汰的用能产品、设备。

节能产品、设备政府采购名录由省级以上人民政府的政府采购监督管理部门会同同级有关部门制定并公布。

第六节 重点用能单位节能

第五十二条 国家加强对重点用能单位的节能管理。

下列用能单位为重点用能单位：

（一）年综合能源消费总量一万吨标准煤以上的用能单位；

（二）国务院有关部门或者省、自治区、直辖市人民政府管理节能工作的部门指定的年综合能源消费总量五千吨以上不满一万吨标准煤的用能单位。

重点用能单位节能管理办法，由国务院管理节能工作的部门会同国务院有关部门制定。

第五十三条 重点用能单位应当每年向管理节能工作的部门报送上年度的能源利用状况报告。能源利用状况包括能源消费情况、能源利用效率、节能目标完成情况和节能效益分析、节能措施等内容。

第五十四条 管理节能工作的部门应当对重点用能单位报送的能源利用状况报告进行审查。对节能管理制度不健全、节能措施不落实、能源利用效率低的重点用能单位，管理节能工作的部门应当开展现场调查，组织实施用能设备能源效率检测，责令实施能源审计，并提出书面整改要求，限期整改。

第五十五条 重点用能单位应当设立能源管理岗位，在具有节能专业知识、实际经验以及中级以上技术职称的人员中聘任能源管理负责人，并报管理节能工作的部门和有关部门备案。

能源管理负责人负责组织对本单位用能状况进行分析、评价，组织编写本单位能源利用状况报告，提出本单位节能工作的改进措施并组织实施。

能源管理负责人应当接受节能培训。

第四章 节能技术进步

第五十六条 国务院管理节能工作的部门会同国务院科技主管部门发布节能技术政策大纲，指导节能技术研究、开发和推广应用。

第五十七条 县级以上各级人民政府应当把节能技术研究开发作为政府科技投入的重点领域，支持科研单位和企业开展节能技术应用研究，制定节能标准，开发节能共性和关键技术，促进节能技术创新与成果转化。

第五十八条 国务院管理节能工作的部门会同国务院有关部门制定并公布节能技术、节能产品的推广目录，引导用能单位和个人使用先进的节能技术、节能产品。

国务院管理节能工作的部门会同国务院有关部门组织实施重大节能科研项目、节能示范项目、重点节能工程。

第五十九条 县级以上各级人民政府应当按照因地制宜、多能互补、综合利用、讲求效益的原则，加强农业和农村节能工作，增加对农业和农村节能技术、节能产品推广应用的资金投入。

农业、科技等有关主管部门应当支持、推广在农业生产、农产品加工储运等方面应用节能技术和节能产品，鼓励更新和淘汰高耗能的农业机械和渔业船舶。

国家鼓励、支持在农村大力发展沼气，推广生物质能、太阳能和风能等可再生能源利用技术，按照科学规划、有序开发的原则发展小型水力发电，推广节能型的农村住宅和炉灶等，鼓励利用非耕地种植能源植物，大力发展薪炭林等能源林。

第五章 激励措施

第六十条 中央财政和省级地方财政安排节能专项资金，支持节能技术研究开发、节能技术和产品的示范与推广、重点节能工程的实施、节能宣传培训、信息服务和表彰奖励等。

第六十一条 国家对生产、使用列入本法第五十八条规定的推广目录的需要支持的节能技术、节能产品，实行税收优惠等扶持政策。

国家通过财政补贴支持节能照明器具等节能产品的推广和使用。

第六十二条 国家实行有利于节约能源资源的税收政策，健全能源矿产资源有偿使用制度，促进能源资源的节约及其开采利用水平的提高。

第六十三条 国家运用税收等政策，鼓励先进节能技术、设备的进口，控制在生产过程中耗能高、污染重的产品的出口。

第六十四条 政府采购监督管理部门会同有关部门制定节能产品、设备政府采购名录，应当优先列入取得节能产品认证证书的产品、设备。

第六十五条 国家引导金融机构增加对节能项目的信贷支持，为符合条件的节能技术研究开发、节能产品生产以及节能技术改造等项目提供优惠贷款。国家推动和引导社会有关方面加大对节能的资金投入，加快节能技术改造。

第六十六条 国家实行有利于节能的价格政策，引导用能单位和个人节能。

国家运用财税、价格等政策，支持推广电力需求侧管理、合同能源管理、节能自愿协议等节能办法。

国家实行峰谷分时电价、季节性电价、可中断负荷电价制度，鼓励电力用户合理调整用电负荷；对钢铁、有色金属、建材、化工和其他主要耗能行业的企业，分淘汰、限制、允许和鼓励类实行差别电价政策。

第六十七条　各级人民政府对在节能管理、节能科学技术研究和推广应用中有显著成绩以及检举严重浪费能源行为的单位和个人，给予表彰和奖励。

第六章　法律责任

第六十八条　负责审批政府投资项目的机关违反本法规定，对不符合强制性节能标准的项目予以批准建设的，对直接负责的主管人员和其他直接责任人员依法给予处分。

固定资产投资项目建设单位开工建设不符合强制性节能标准的项目或者将该项目投入生产、使用的，由管理节能工作的部门责令停止建设或者停止生产、使用，限期改造；不能改造或者逾期不改造的生产性项目，由管理节能工作的部门报请本级人民政府按照国务院规定的权限责令关闭。

第六十九条　生产、进口、销售国家明令淘汰的用能产品、设备的，使用伪造的节能产品认证标志或者冒用节能产品认证标志的，依照《中华人民共和国产品质量法》的规定处罚。

第七十条　生产、进口、销售不符合强制性能源效率标准的用能产品、设备的，由市场监督管理部门责令停止生产、进口、销售，没收违法生产、进口、销售的用能产品、设备和违法所得，并处违法所得一倍以上五倍以下罚款；情节严重的，吊销营业执照。

第七十一条　使用国家明令淘汰的用能设备或者生产工艺的，由管理节能工作的部门责令停止使用，没收国家明令淘汰的用能设备；情节严重的，可以由管理节能工作的部门提出意见，报请本级人民政府按照国务院规定的权限责令停业整顿或者关闭。

第七十二条　生产单位超过单位产品能耗限额标准用能，情节严重，经限期治理逾期不治理或者没有达到治理要求的，可以由管理节能工作的部门提出意见，报请本级人民政府按照国务院规定的权限责令停业整顿或者关闭。

第七十三条 违反本法规定，应当标注能源效率标识而未标注的，由市场监督管理部门责令改正，处三万元以上五万元以下罚款。

违反本法规定，未办理能源效率标识备案，或者使用的能源效率标识不符合规定的，由市场监督管理部门责令限期改正；逾期不改正的，处一万元以上三万元以下罚款。

伪造、冒用能源效率标识或者利用能源效率标识进行虚假宣传的，由市场监督管理部门责令改正，处五万元以上十万元以下罚款；情节严重的，吊销营业执照。

第七十四条 用能单位未按照规定配备、使用能源计量器具的，由市场监督管理部门责令限期改正；逾期不改正的，处一万元以上五万元以下罚款。

第七十五条 瞒报、伪造、篡改能源统计资料或者编造虚假能源统计数据的，依照《中华人民共和国统计法》的规定处罚。

第七十六条 从事节能咨询、设计、评估、检测、审计、认证等服务的机构提供虚假信息的，由管理节能工作的部门责令改正，没收违法所得，并处五万元以上十万元以下罚款。

第七十七条 违反本法规定，无偿向本单位职工提供能源或者对能源消费实行包费制的，由管理节能工作的部门责令限期改正；逾期不改正的，处五万元以上二十万元以下罚款。

第七十八条 电网企业未按照本法规定安排符合规定的热电联产和利用余热余压发电的机组与电网并网运行，或者未执行国家有关上网电价规定的，由国家电力监管机构责令改正；造成发电企业经济损失的，依法承担赔偿责任。

第七十九条 建设单位违反建筑节能标准的，由建设主管部门责令改正，处二十万元以上五十万元以下罚款。

设计单位、施工单位、监理单位违反建筑节能标准的，由建设主管部门责令改正，处十万元以上五十万元以下罚款；情节严重的，由颁发资质证书的部门降低资质等级或者吊销资质证书；造成损失的，依法承担赔偿责任。

第八十条 房地产开发企业违反本法规定，在销售房屋时未向购买人明示所售房屋的节能措施、保温工程保修期等信息的，由建设主管部门责令限期改正，逾期不改正的，处三万元以上五万元以下罚款；对以上信息作虚假宣传的，由建设主管部门责令改正，处五万元以上二十万元以下罚款。

第八十一条 公共机构采购用能产品、设备，未优先采购列入节能产品、设备政府采购名录中的产品、设备，或者采购国家明令淘汰的用能产品、设备的，由政府采购监督管理部门给予警告，可以并处罚款；对直接负责的主管人员和其他直接责任人员依法给予处分，并予通报。

第八十二条 重点用能单位未按照本法规定报送能源利用状况报告或者报告内容不实的，由管理节能工作的部门责令限期改正；逾期不改正的，处一万元以上五万元以下罚款。

第八十三条 重点用能单位无正当理由拒不落实本法第五十四条规定的整改要求或者整改没有达到要求的，由管理节能工作的部门处十万元以上三十万元以下罚款。

第八十四条 重点用能单位未按照本法规定设立能源管理岗位，聘任能源管理负责人，并报管理节能工作的部门和有关部门备案的，由管理节能工作的部门责令改正；拒不改正的，处一万元以上三万元以下罚款。

第八十五条 违反本法规定，构成犯罪的，依法追究刑事责任。

第八十六条 国家工作人员在节能管理工作中滥用职权、玩忽职守、徇私舞弊，构成犯罪的，依法追究刑事责任；尚不构成犯罪的，依法给予处分。

第七章 附 则

第八十七条 本法自 2008 年 4 月 1 日起施行。

中华人民共和国科技进步法

（1993 年 7 月 2 日第八届全国人民代表大会常务委员会第二次会议通过 2007 年 12 月 29 日第十届全国人民代表大会常务委员会第三十一次会议第一次修订 2021 年 12 月 24 日第十三届全国人民代表大会常务委员会第三十二次会议第二次修订）

目 录

第一章　总　则

第一条　为了全面促进科学技术进步，发挥科学技术第一生产力、创新第一动力、人才第一资源的作用，促进科技成果向现实生产力转化，推动科技创新支撑和引领经济社会发展，全面建设社会主义现代化国家，根据宪法，制定本法。

第二条　坚持中国共产党对科学技术事业的全面领导。国家坚持新发展理念，坚持科技创新在国家现代化建设全局中的核心地位，把科技自立自强作为国家发展的战略支撑，实施科教兴国战略、人才强国战略和创新驱动发展战略，走中国特色自主创新道路，建设科技强国。

第三条　科学技术进步工作应当面向世界科技前沿、面向经济主战场、面向国家重大需求、面向人民生命健康，为促进经济社会发展、维护国家安全和推动人类可持续发展服务。国家鼓励科学技术研究开发，推动应用科学技术改造提升传统产业、发展高新技术产业和社会事业，支撑实现碳达峰碳中和目标，催生新发展动能，实现高质量发展。

第四条　国家完善高效、协同、开放的国家创新体系，统筹科技创新与制度创新，健全社会主义市场经济条件下新型举国体制，充分发挥市场配置创新资源的决定性作用，更好发挥政府作用，优化科技资源配置，提高资源利用效率，促进各类创新主体紧密合作、创新要素有序流动、创新生态持续优化，提升体系化能力和重点突破能力，增强创新体系整体效能。国家构建和强化以国家实验室、国家科学技术研究开发机构、高水平研究型大学、科技领军企业为重要组成部分的国家战略科技力量，在关键领域和重点方向上发挥战略支撑引领作用和重大原始创新效能，服务国家重大战略需要。

第五条 国家统筹发展和安全，提高科技安全治理能力，健全预防和化解科技安全风险的制度机制，加强科学技术研究、开发与应用活动的安全管理，支持国家安全领域科技创新，增强科技创新支撑国家安全的能力和水平。

第六条 国家鼓励科学技术研究开发与高等教育、产业发展相结合，鼓励学科交叉融合和相互促进。国家加强跨地区、跨行业和跨领域的科学技术合作，扶持革命老区、民族地区、边远地区、欠发达地区的科学技术进步。国家加强军用与民用科学技术协调发展，促进军用与民用科学技术资源、技术开发需求的互通交流和技术双向转移，发展军民两用技术。

第七条 国家遵循科学技术活动服务国家目标与鼓励自由探索相结合的原则，超前部署重大基础研究、有重大产业应用前景的前沿技术研究和社会公益性技术研究，支持基础研究、前沿技术研究和社会公益性技术研究持续、稳定发展，加强原始创新和关键核心技术攻关，加快实现高水平科技自立自强。

第八条 国家保障开展科学技术研究开发的自由，鼓励科学探索和技术创新，保护科学技术人员自由探索等合法权益。科学技术研究开发机构、高等学校、企业事业单位和公民有权自主选择课题，探索未知科学领域，从事基础研究、前沿技术研究和社会公益性技术研究。

第九条 学校及其他教育机构应当坚持理论联系实际，注重培养受教育者的独立思考能力、实践能力、创新能力和批判性思维，以及追求真理、崇尚创新、实事求是的科学精神。国家发挥高等学校在科学技术研究中的重要作用，鼓励高等学校开展科学研究、技术开发和社会服务，培养具有社会责任感、创新精神和实践能力的高级专门人才。

第十条 科学技术人员是社会主义现代化建设事业的重要人才力量，应当受到全社会的尊重。国家坚持人才引领发展的战略地位，深化人才发展体制机制改革，全方位培养、引进、用好人才，营造符合科技创新规律和人才成长规律的环境，充分发挥人才第一资源作用。

第十一条 国家营造有利于科技创新的社会环境，鼓励机关、群团组织、企业事业单位、社会组织和公民参与和支持科学技术进步活动。全社会都应当尊重劳动、尊重知识、尊重人才、尊重创造，形成崇尚科学的风尚。

第十二条 国家发展科学技术普及事业，普及科学技术知识，加强科学技术普及基础设施和能力建设，提高全体公民特别是青少年的科学文化素质。科学技术普及是全社会的共同责任。国家建立健全科学技术普及激励机制，鼓励科学技术研究开发机构、高等学校、企业事业单位、社会组织、科学技术人员等积极参与和支持科学技术普及活动。

第十三条 国家制定和实施知识产权战略，建立和完善知识产权制度，营造尊重知识产权的社会环境，保护知识产权，激励自主创新。企业事业单位、社会组织和科学技术人员应当增强知识产权意识，增强自主创新能力，提高创造、运用、保护、管理和服务知识产权的能力，提高知识产权质量。

第十四条 国家建立和完善有利于创新的科学技术评价制度。科学技术评价应当坚持公开、公平、公正的原则，以科技创新质量、贡献、绩效为导向，根据不同科学技术活动的特点，实行分类评价。

第十五条 国务院领导全国科学技术进步工作，制定中长期科学和技术发展规划、科技创新规划，确定国家科学技术重大项目、与科学技术密切相关的重大项目。中长期科学和技术发展规划、科技创新规划应当明确指导方针，发挥战略导向作用，引导和统筹科技发展布局、资源配置和政策制定。县级以上人民政府应当将科学技术进步工作纳入国民经济和社会发展规划，保障科学技术进步与经济建设和社会发展相协调。地方各级人民政府应当采取有效措施，加强对科学技术进步工作的组织和管理，优化科学技术发展环境，推进科学技术进步。

第十六条 国务院科学技术行政部门负责全国科学技术进步工作的宏观管理、统筹协调、服务保障和监督实施；国务院其他有关部门在各自的职责范围内，负责有关的科学技术进步工作。县级以上地方人民政府科学技术行政部门负责本行政区域的科学技术进步工作；县级以上地方人民政府其他有关部门在各自的职责范围内，负责有关的科学技术进步工作。

第十七条 国家建立科学技术进步工作协调机制，研究科学技术进步工作中的重大问题，协调国家科学技术计划项目的设立及相互衔接，协调科学技术资源配置、科学技术研究开发机构的整合以及科学技术研究开发与高等教育、产业发展相结合等重大事项。

第十八条 每年5月30日为全国科技工作者日。国家建立和完善科学技术奖励制度，设立国家最高科学技术奖等奖项，对在科学技术进步活动中做出重要贡献的组织和个人给予奖励。具体办法由国务院规定。国家鼓励国内外的组织或者个人设立科学技术奖项，对科学技术进步活动中做出贡献的组织和个人给予奖励。

第二章 基础研究

第十九条 国家加强基础研究能力建设，尊重科学发展规律和人才成长规律，强化项目、人才、基地系统布局，为基础研究发展提供良好的物质条件和有力的制度保障。国家加强规划和部署，推动基础研究自由探索和目标导向有机结合，围绕科学技术前沿、经济社会发展、国家安全重大需求和人民生命健康，聚焦重大关键技术问题，加强新兴和战略产业等领域基础研究，提升科学技术的源头供给能力。国家鼓励科学技术研究开发机构、高等学校、企业等发挥自身优势，加强基础研究，推动原始创新。

第二十条 国家财政建立稳定支持基础研究的投入机制。国家鼓励有条件的地方人民政府结合本地区经济社会发展需要，合理确定基础研究财政投入，加强对基础研究的支持。国家引导企业加大基础研究投入，鼓励社会力量通过捐赠、设立基金等方式多渠道投入基础研究，给予财政、金融、税收等政策支持。逐步提高基础研究经费在全社会科学技术研究开发经费总额中的比例，与创新型国家和科技强国建设要求相适应。

第二十一条 国家设立自然科学基金，资助基础研究，支持人才培养和团队建设。确定国家自然科学基金资助项目，应当坚持宏观引导、自主申请、平等竞争、同行评审、择优支持的原则。有条件的地方人民政府结合本地区经济社会实际情况和发展需要，可以设立自然科学基金，支持基础研究。

第二十二条 国家完善学科布局和知识体系建设，推进学科交叉融合，促进基础研究与应用研究协调发展。

第二十三条 国家加大基础研究人才培养力度，强化对基础研究人才的稳定支持，提高基础研究人才队伍质量和水平。国家建立满足基础研究需要的资源配置机制，建立与基础研究相适应的评价体系和激励机制，营造潜心基础研究的良好环境，鼓励和吸引优秀科学技术人员投身基础研究。

第二十四条　国家强化基础研究基地建设。国家完善基础研究的基础条件建设，推进开放共享。

第二十五条　国家支持高等学校加强基础学科建设和基础研究人才培养，增强基础研究自主布局能力，推动高等学校基础研究高质量发展。

第三章　应用研究与成果转化

第二十六条　国家鼓励以应用研究带动基础研究，促进基础研究与应用研究、成果转化融通发展。国家完善共性基础技术供给体系，促进创新链产业链深度融合，保障产业链供应链安全。

第二十七条　国家建立和完善科研攻关协调机制，围绕经济社会发展、国家安全重大需求和人民生命健康，加强重点领域项目、人才、基地、资金一体化配置，推动产学研紧密合作，推动关键核心技术自主可控。

第二十八条　国家完善关键核心技术攻关举国体制，组织实施体现国家战略需求的科学技术重大任务，系统布局具有前瞻性、战略性的科学技术重大项目，超前部署关键核心技术研发。

第二十九条　国家加强面向产业发展需求的共性技术平台和科学技术研究开发机构建设，鼓励地方围绕发展需求建设应用研究科学技术研究开发机构。国家鼓励科学技术研究开发机构、高等学校加强共性基础技术研究，鼓励以企业为主导，开展面向市场和产业化应用的研究开发活动。

第三十条　国家加强科技成果中试、工程化和产业化开发及应用，加快科技成果转化为现实生产力。利用财政性资金设立的科学技术研究开发机构和高等学校，应当积极促进科技成果转化，加强技术转移机构和人才队伍建设，建立和完善促进科技成果转化制度。

第三十一条 国家鼓励企业、科学技术研究开发机构、高等学校和其他组织建立优势互补、分工明确、成果共享、风险共担的合作机制，按照市场机制联合组建研究开发平台、技术创新联盟、创新联合体等，协同推进研究开发与科技成果转化，提高科技成果转移转化成效。

第三十二条 利用财政性资金设立的科学技术计划项目所形成的科技成果，在不损害国家安全、国家利益和重大社会公共利益的前提下，授权项目承担者依法取得相关知识产权，项目承担者可以依法自行投资实施转化、向他人转让、联合他人共同实施转化、许可他人使用或者作价投资等。项目承担者应当依法实施前款规定的知识产权，同时采取保护措施，并就实施和保护情况向项目管理机构提交年度报告；在合理期限内没有实施且无正当理由的，国家可以无偿实施，也可以许可他人有偿实施或者无偿实施。项目承担者依法取得的本条第一款规定的知识产权，为了国家安全、国家利益和重大社会公共利益的需要，国家可以无偿实施，也可以许可他人有偿实施或者无偿实施。项目承担者因实施本条第一款规定的知识产权所产生的利益分配，依照有关法律法规规定执行；法律法规没有规定的，按照约定执行。

第三十三条 国家实行以增加知识价值为导向的分配政策，按照国家有关规定推进知识产权归属和权益分配机制改革，探索赋予科学技术人员职务科技成果所有权或者长期使用权制度。

第三十四条 国家鼓励利用财政性资金设立的科学技术计划项目所形成的知识产权首先在境内使用。前款规定的知识产权向境外的组织或者个人转让，或者许可境外的组织或者个人独占实施的，应当经项目管理机构批准；法律、行政法规对批准机构另有规定的，依照其规定。

第三十五条 国家鼓励新技术应用，按照包容审慎原则，推动开展新技术、新产品、新服务、新模式应用试验，为新技术、新产品应用创造条件。

第三十六条 国家鼓励和支持农业科学技术的应用研究，传播和普及农业科学技术知识，加快农业科技成果转化和产业化，促进农业科学技术进步，利用农业科学技术引领乡村振兴和农业农村现代化。县级以上人民政府应当采取措施，支持公益性农业科学技术研究开发机构和农业技术推广机构进行农业新品种、新技术的研究开发、应用和推广。地方各级人民政府应当鼓励和引导农业科学技术服务机构、科技特派员和农村群众性科学技术组织为种植业、林业、畜牧业、渔业等的发展提供科学技术服务，为农民提供科学技术培训和指导。

第三十七条 国家推动科学技术研究开发与产品、服务标准制定相结合，科学技术研究开发与产品设计、制造相结合；引导科学技术研究开发机构、高等学校、企业和社会组织共同推进国家重大技术创新产品、服务标准的研究、制定和依法采用，参与国际标准制定。

第三十八条 国家培育和发展统一开放、互联互通、竞争有序的技术市场，鼓励创办从事技术评估、技术经纪和创新创业服务等活动的中介服务机构，引导建立社会化、专业化、网络化、信息化和智能化的技术交易服务体系和创新创业服务体系，推动科技成果的应用和推广。技术交易活动应当遵循自愿平等、互利有偿和诚实信用的原则。

第四章　企业科技创新

第三十九条　国家建立以企业为主体，以市场为导向，企业同科学技术研究开发机构、高等学校紧密合作的技术创新体系，引导和扶持企业技术创新活动，支持企业牵头国家科技攻关任务，发挥企业在技术创新中的主体作用，推动企业成为技术创新决策、科研投入、组织科研和成果转化的主体，促进各类创新要素向企业集聚，提高企业技术创新能力。国家培育具有影响力和竞争力的科技领军企业，充分发挥科技领军企业的创新带动作用。

第四十条　国家鼓励企业开展下列活动：

（一）设立内部科学技术研究开发机构；

（二）同其他企业或者科学技术研究开发机构、高等学校开展合作研究，联合建立科学技术研究开发机构和平台，设立科技企业孵化机构和创新创业平台，或者以委托等方式开展科学技术研究开发；

（三）培养、吸引和使用科学技术人员；

（四）同科学技术研究开发机构、高等学校、职业院校或者培训机构联合培养专业技术人才和高技能人才，吸引高等学校毕业生到企业工作；

（五）设立博士后工作站或者流动站；

（六）结合技术创新和职工技能培训，开展科学技术普及活动，设立向公众开放的普及科学技术的场馆或者设施。

第四十一条　国家鼓励企业加强原始创新，开展技术合作与交流，增加研究开发和技术创新的投入，自主确立研究开发课题，开展技术创新活动。国家鼓励企业对引进技术进行消化、吸收和再创新。企业开发新技术、新产品、新工艺发生的研究开发费用可以按照国家有关规定，税前列支并加计扣除，企业科学技术研究开发仪器、设备可以加速折旧。

第四十二条 国家完善多层次资本市场，建立健全促进科技创新的机制，支持符合条件的科技型企业利用资本市场推动自身发展。国家加强引导和政策扶持，多渠道拓宽创业投资资金来源，对企业的创业发展给予支持。国家完善科技型企业上市融资制度，畅通科技型企业国内上市融资渠道，发挥资本市场服务科技创新的融资功能。

第四十三条 下列企业按照国家有关规定享受税收优惠：

（一）从事高新技术产品研究开发、生产的企业；

（二）科技型中小企业；

（三）投资初创科技型企业的创业投资企业；

（四）法律、行政法规规定的与科学技术进步有关的其他企业。

第四十四条 国家对公共研究开发平台和科学技术中介、创新创业服务机构的建设和运营给予支持。公共研究开发平台和科学技术中介、创新创业服务机构应当为中小企业的技术创新提供服务。

第四十五条 国家保护企业研究开发所取得的知识产权。企业应当不断提高知识产权质量和效益，增强自主创新能力和市场竞争能力。

第四十六条 国有企业应当建立健全有利于技术创新的研究开发投入制度、分配制度和考核评价制度，完善激励约束机制。国有企业负责人对企业的技术进步负责。对国有企业负责人的业绩考核，应当将企业的创新投入、创新能力建设、创新成效等情况纳入考核范围。

第四十七条 县级以上地方人民政府及其有关部门应当创造公平竞争的市场环境，推动企业技术进步。国务院有关部门和省级人民政府应当通过制定产业、财政、金融、能源、环境保护和应对气候变化等政策，引导、促使企业研究开发新技术、新产品、新工艺，进行技术改造和设备更新，淘汰技术落后的设备、工艺，停止生产技术落后的产品。

第五章　科学技术研究开发机构

第四十八条　国家统筹规划科学技术研究开发机构布局，建立和完善科学技术研究开发体系。国家在事关国家安全和经济社会发展全局的重大科技创新领域建设国家实验室，建立健全以国家实验室为引领、全国重点实验室为支撑的实验室体系，完善稳定支持机制。利用财政性资金设立的科学技术研究开发机构，应当坚持以国家战略需求为导向，提供公共科技供给和应急科技支撑。

第四十九条　自然人、法人和非法人组织有权依法设立科学技术研究开发机构。境外的组织或者个人可以在中国境内依法独立设立科学技术研究开发机构，也可以与中国境内的组织或者个人联合设立科学技术研究开发机构。从事基础研究、前沿技术研究、社会公益性技术研究的科学技术研究开发机构，可以利用财政性资金设立。利用财政性资金设立科学技术研究开发机构，应当优化配置，防止重复设置。科学技术研究开发机构、高等学校可以设立博士后流动站或者工作站。科学技术研究开发机构可以依法在国外设立分支机构。

第五十条　科学技术研究开发机构享有下列权利：

（一）依法组织或者参加学术活动；

（二）按照国家有关规定，自主确定科学技术研究开发方向和项目，自主决定经费使用、机构设置、绩效考核及薪酬分配、职称评审、科技成果转化及收益分配、岗位设置、人员聘用及合理流动等内部管理事务；

（三）与其他科学技术研究开发机构、高等学校和企业联合开展科学技术研究开发、技术咨询、技术服务等活动；

（四）获得社会捐赠和资助；

（五）法律、行政法规规定的其他权利。

第五十一条　科学技术研究开发机构应当依法制定章程，按照章程规定的职能定位和业务范围开展科学技术研究开发活动；加强科研作风学风建设，建立和完善科研诚信、科技伦理管理制度，遵守科学研究活动管理规范；不得组织、参加、支持迷信活动。利用财政性资金设立的科学技术研究开发机构开展科学技术研究开发活动，应当为国家目标和社会公共利益服务；有条件的，应当向公众开放普及科学技术的场馆或者设施，组织开展科学技术普及活动。

第五十二条　利用财政性资金设立的科学技术研究开发机构，应当建立职责明确、评价科学、开放有序、管理规范的现代院所制度，实行院长或者所长负责制，建立科学技术委员会咨询制和职工代表大会监督制等制度，并吸收外部专家参与管理、接受社会监督；院长或者所长的聘用引入竞争机制。

第五十三条　国家完善利用财政性资金设立的科学技术研究开发机构的评估制度，评估结果作为机构设立、支持、调整、终止的依据。

第五十四条　利用财政性资金设立的科学技术研究开发机构，应当建立健全科学技术资源开放共享机制，促进科学技术资源的有效利用。国家鼓励社会力量设立的科学技术研究开发机构，在合理范围内实行科学技术资源开放共享。

第五十五条　国家鼓励企业和其他社会力量自行创办科学技术研究开发机构，保障其合法权益。社会力量设立的科学技术研究开发机构有权按照国家有关规定，平等竞争和参与实施利用财政性资金设立的科学技术计划项目。国家完善对社会力量设立的非营利性科学技术研究开发机构税收优惠制度。

第五十六条 国家支持发展新型研究开发机构等新型创新主体，完善投入主体多元化、管理制度现代化、运行机制市场化、用人机制灵活化的发展模式，引导新型创新主体聚焦科学研究、技术创新和研发服务。

第六章　科学技术人员

第五十七条 国家营造尊重人才、爱护人才的社会环境，公正平等、竞争择优的制度环境，待遇适当、保障有力的生活环境，为科学技术人员潜心科研创造良好条件。国家采取多种措施，提高科学技术人员的社会地位，培养和造就专门的科学技术人才，保障科学技术人员投入科技创新和研究开发活动，充分发挥科学技术人员的作用。禁止以任何方式和手段不公正对待科学技术人员及其科技成果。

第五十八条 国家加快战略人才力量建设，优化科学技术人才队伍结构，完善战略科学家、科技领军人才等创新人才和团队的培养、发现、引进、使用、评价机制，实施人才梯队、科研条件、管理机制等配套政策。

第五十九条 国家完善创新人才教育培养机制，在基础教育中加强科学兴趣培养，在职业教育中加强技术技能人才培养，强化高等教育资源配置与科学技术领域创新人才培养的结合，加强完善战略性科学技术人才储备。

第六十条 各级人民政府、企业事业单位和社会组织应当采取措施，完善体现知识、技术等创新要素价值的收益分配机制，优化收入结构，建立工资稳定增长机制，提高科学技术人员的工资水平；

对有突出贡献的科学技术人员给予优厚待遇和荣誉激励。利用财政性资金设立的科学技术研究开发机构和高等学校的科学技术人员，在履行岗位职责、完成本职工作、不发生利益冲突的前提下，经所在单位同意，可以从事兼职工作获得合法收入。技术开发、技术咨询、技术服务等活动的奖酬金提取，按照科技成果转化有关规定执行。国家鼓励科学技术研究开发机构、高等学校、企业等采取股权、期权、分红等方式激励科学技术人员。

第六十一条　各级人民政府和企业事业单位应当保障科学技术人员接受继续教育的权利，并为科学技术人员的合理、畅通、有序流动创造环境和条件，发挥其专长。

第六十二条　科学技术人员可以根据其学术水平和业务能力选择工作单位、竞聘相应的岗位，取得相应的职务或者职称。科学技术人员应当信守工作承诺，履行岗位责任，完成职务或者职称相应工作。

第六十三条　国家实行科学技术人员分类评价制度，对从事不同科学技术活动的人员实行不同的评价标准和方式，突出创新价值、能力、贡献导向，合理确定薪酬待遇、配置学术资源、设置评价周期，形成有利于科学技术人员潜心研究和创新的人才评价体系，激发科学技术人员创新活力。

第六十四条　科学技术行政等有关部门和企业事业单位应当完善科学技术人员管理制度，增强服务意识和保障能力，简化管理流程，避免重复性检查和评估，减轻科学技术人员项目申报、材料报送、经费报销等方面的负担，保障科学技术人员科研时间。

第六十五条　科学技术人员在艰苦、边远地区或者恶劣、危险环境中工作，所在单位应当按照国家有关规定给予补贴，提供其岗位或者工作场所应有的职业健康卫生保护和安全保障，为其接受继续教育、业务培训等提供便利条件。

第六十六条 青年科学技术人员、少数民族科学技术人员、女性科学技术人员等在竞聘专业技术职务、参与科学技术评价、承担科学技术研究开发项目、接受继续教育等方面享有平等权利。鼓励老年科学技术人员在科学技术进步中发挥积极作用。各级人民政府和企业事业单位应当为青年科学技术人员成长创造环境和条件，鼓励青年科学技术人员在科技领域勇于探索、敢于尝试，充分发挥青年科学技术人员的作用。发现、培养和使用青年科学技术人员的情况，应当作为评价科学技术进步工作的重要内容。各级人民政府和企业事业单位应当完善女性科学技术人员培养、评价和激励机制，关心孕哺期女性科学技术人员，鼓励和支持女性科学技术人员在科学技术进步中发挥更大作用。

第六十七条 科学技术人员应当大力弘扬爱国、创新、求实、奉献、协同、育人的科学家精神，坚守工匠精神，在各类科学技术活动中遵守学术和伦理规范，恪守职业道德，诚实守信；不得在科学技术活动中弄虚作假，不得参加、支持迷信活动。

第六十八条 国家鼓励科学技术人员自由探索、勇于承担风险，营造鼓励创新、宽容失败的良好氛围。原始记录等能够证明承担探索性强、风险高的科学技术研究开发项目的科学技术人员已经履行了勤勉尽责义务仍不能完成该项目的，予以免责。

第六十九条 科研诚信记录作为对科学技术人员聘任专业技术职务或者职称、审批科学技术人员申请科学技术研究开发项目、授予科学技术奖励等的重要依据。

第七十条 科学技术人员有依法创办或者参加科学技术社会团体的权利。科学技术协会和科学技术社会团体按照章程在促进学术交流、推进学科建设、推动科技创新、开展科学技术普及活动、培养专门人才、开展咨询服务、加强科学技术人员自律和维护科学技术人员合法权益等方面发挥作用。科学技术协会和科学技术社会团体的合法权益受法律保护。

第七章 区域科技创新

第七十一条 国家统筹科学技术资源区域空间布局，推动中央科学技术资源与地方发展需求紧密衔接，采取多种方式支持区域科技创新。

第七十二条 县级以上地方人民政府应当支持科学技术研究和应用，为促进科技成果转化创造条件，为推动区域创新发展提供良好的创新环境。

第七十三条 县级以上人民政府及其有关部门制定的与产业发展相关的科学技术计划，应当体现产业发展的需求。县级以上人民政府及其有关部门确定科学技术计划项目，应当鼓励企业平等竞争和参与实施；对符合产业发展需求、具有明确市场应用前景的项目，应当鼓励企业联合科学技术研究开发机构、高等学校共同实施。地方重大科学技术计划实施应当与国家科学技术重大任务部署相衔接。

第七十四条 国务院可以根据需要批准建立国家高新技术产业开发区、国家自主创新示范区等科技园区，并对科技园区的建设、发展给予引导和扶持，使其形成特色和优势，发挥集聚和示范带动效应。

第七十五条 国家鼓励有条件的县级以上地方人民政府根据国家发展战略和地方发展需要，建设重大科技创新基地与平台，培育创新创业载体，打造区域科技创新高地。国家支持有条件的地方建设科技创新中心和综合性科学中心，发挥辐射带动、深化创新改革和参与全球科技合作作用。

第七十六条　国家建立区域科技创新合作机制和协同互助机制，鼓励地方各级人民政府及其有关部门开展跨区域创新合作，促进各类创新要素合理流动和高效集聚。

第七十七条　国家重大战略区域可以依托区域创新平台，构建利益分享机制，促进人才、技术、资金等要素自由流动，推动科学仪器设备、科技基础设施、科学工程和科技信息资源等开放共享，提高科技成果区域转化效率。

第七十八条　国家鼓励地方积极探索区域科技创新模式，尊重区域科技创新集聚规律，因地制宜选择具有区域特色的科技创新发展路径。

第八章　国际科学技术合作

第七十九条　国家促进开放包容、互惠共享的国际科学技术合作与交流，支撑构建人类命运共同体。

第八十条　中华人民共和国政府发展同外国政府、国际组织之间的科学技术合作与交流。国家鼓励科学技术研究开发机构、高等学校、科学技术社会团体、企业和科学技术人员等各类创新主体开展国际科学技术合作与交流，积极参与科学研究活动，促进国际科学技术资源开放流动，形成高水平的科技开放合作格局，推动世界科学技术进步。

第八十一条　国家鼓励企业事业单位、社会组织通过多种途径建设国际科技创新合作平台，提供国际科技创新合作服务。鼓励企业事业单位、社会组织和科学技术人员参与和发起国际科学技术组织，增进国际科学技术合作与交流。

第八十二条　国家采取多种方式支持国内外优秀科学技术人才合作研发，应对人类面临的共同挑战，探索科学前沿。国家支持科学技术研究开发机构、高等学校、企业和科学技术人员积极参与和发起组织实施国际大科学计划和大科学工程。国家完善国际科学技术研究合作中的知识产权保护与科技伦理、安全审查机制。

第八十三条　国家扩大科学技术计划对外开放合作，鼓励在华外资企业、外籍科学技术人员等承担和参与科学技术计划项目，完善境外科学技术人员参与国家科学技术计划项目的机制。

第八十四条　国家完善相关社会服务和保障措施，鼓励在国外工作的科学技术人员回国，吸引外籍科学技术人员到中国从事科学技术研究开发工作。科学技术研究开发机构及其他科学技术组织可以根据发展需要，聘用境外科学技术人员。利用财政性资金设立的科学技术研究开发机构、高等学校聘用境外科学技术人员从事科学技术研究开发工作的，应当为其工作和生活提供方便。外籍杰出科学技术人员到中国从事科学技术研究开发工作的，按照国家有关规定，可以优先获得在华永久居留权或者取得中国国籍。

第九章　保障措施

第八十五条　国家加大财政性资金投入，并制定产业、金融、税收、政府采购等政策，鼓励、引导社会资金投入，推动全社会科学技术研究开发经费持续稳定增长。

第八十六条　国家逐步提高科学技术经费投入的总体水平；国家财政用于科学技术经费的增长幅度，应当高于国家财政经常性收入的增长幅度。全社会科学技术研究开发经费应当占国内生产总值适当的比例，并逐步提高。

第八十七条　财政性科学技术资金应当主要用于下列事项的投入：

（一）科学技术基础条件与设施建设；

（二）基础研究和前沿交叉学科研究；

（三）对经济建设和社会发展具有战略性、基础性、前瞻性作用的前沿技术研究、社会公益性技术研究和重大共性关键技术研究；

（四）重大共性关键技术应用和高新技术产业化示范；

（五）关系生态环境和人民生命健康的科学技术研究开发和成果的应用、推广；

（六）农业新品种、新技术的研究开发和农业科技成果的应用、推广；

（七）科学技术人员的培养、吸引和使用；

（八）科学技术普及。对利用财政性资金设立的科学技术研究开发机构，国家在经费、实验手段等方面给予支持。

第八十八条 设立国家科学技术计划，应当按照国家需求，聚焦国家重大战略任务，遵循科学研究、技术创新和成果转化规律。国家建立科学技术计划协调机制和绩效评估制度，加强专业化管理。

第八十九条 国家设立基金，资助中小企业开展技术创新，推动科技成果转化与应用。国家在必要时可以设立支持基础研究、社会公益性技术研究、国际联合研究等方面的其他非营利性基金，资助科学技术进步活动。

第九十条 从事下列活动的，按照国家有关规定享受税收优惠：

（一）技术开发、技术转让、技术许可、技术咨询、技术服务；

（二）进口国内不能生产或者性能不能满足需要的科学研究、技术开发或者科学技术普及的用品；

（三）为实施国家重大科学技术专项、国家科学技术计划重大项目，进口国内不能生产的关键设备、原材料或者零部件；

（四）科学技术普及场馆、基地等开展面向公众开放的科学技术普及活动；

（五）捐赠资助开展科学技术活动；

（六）法律、国家有关规定规定的其他科学研究、技术开发与科学技术应用活动。

第九十一条　对境内自然人、法人和非法人组织的科技创新产品、服务，在功能、质量等指标能够满足政府采购需求的条件下，政府采购应当购买；首次投放市场的，政府采购应当率先购买，不得以商业业绩为由予以限制。政府采购的产品尚待研究开发的，通过订购方式实施。采购人应当优先采用竞争性方式确定科学技术研究开发机构、高等学校或者企业进行研究开发，产品研发合格后按约定采购。

第九十二条　国家鼓励金融机构开展知识产权质押融资业务，鼓励和引导金融机构在信贷、投资等方面支持科学技术应用和高新技术产业发展，鼓励保险机构根据高新技术产业发展的需要开发保险品种，促进新技术应用。

第九十三条　国家遵循统筹规划、优化配置的原则，整合和设置国家科学技术研究实验基地。国家鼓励设置综合性科学技术实验服务单位，为科学技术研究开发机构、高等学校、企业和科学技术人员提供或者委托他人提供科学技术实验服务。

第九十四条　国家根据科学技术进步的需要，按照统筹规划、突出共享、优化配置、综合集成、政府主导、多方共建的原则，统筹购置大型科学仪器、设备，并开展对以财政性资金为主购置的大型科学仪器、设备的联合评议工作。

第九十五条　国家加强学术期刊建设，完善科研论文和科学技术信息交流机制，推动开放科学的发展，促进科学技术交流和传播。

第九十六条　国家鼓励国内外的组织或者个人捐赠财产、设立科学技术基金，资助科学技术研究开发和科学技术普及。

第九十七条 利用财政性资金设立的科学技术研究开发机构、高等学校和企业，在推进科技管理改革、开展科学技术研究开发、实施科技成果转化活动过程中，相关负责人锐意创新探索，出现决策失误、偏差，但尽到合理注意义务和监督管理职责，未牟取非法利益的，免除其决策责任。

第十章 监督管理

第九十八条 国家加强科技法治化建设和科研作风学风建设，建立和完善科研诚信制度和科技监督体系，健全科技伦理治理体制，营造良好科技创新环境。

第九十九条 国家完善科学技术决策的规则和程序，建立规范的咨询和决策机制，推进决策的科学化、民主化和法治化。国家改革完善重大科学技术决策咨询制度。制定科学技术发展规划和重大政策，确定科学技术重大项目、与科学技术密切相关的重大项目，应当充分听取科学技术人员的意见，发挥智库作用，扩大公众参与，开展科学评估，实行科学决策。

第一百条 国家加强财政性科学技术资金绩效管理，提高资金配置效率和使用效益。财政性科学技术资金的管理和使用情况，应当接受审计机关、财政部门的监督检查。科学技术行政等有关部门应当加强对利用财政性资金设立的科学技术计划实施情况的监督，强化科研项目资金协调、评估、监管。任何组织和个人不得虚报、冒领、贪污、挪用、截留财政性科学技术资金。

第一百零一条 国家建立科学技术计划项目分类管理机制，强化对项目实效的考核评价。利用财政性资金设立的科学技术计划项目，应当坚持问题导向、目标导向、需求导向进行立项，按照国家有关规定择优确定项目承担者。国家建立科技管理信息系统，建立评审专家库，健全科学技术计划项目的专家评审制度和评审专家的遴选、回避、保密、问责制度。

第一百零二条 国务院科学技术行政部门应当会同国务院有关主管部门，建立科学技术研究基地、科学仪器设备等资产和科学技术文献、科学技术数据、科学技术自然资源、科学技术普及资源等科学技术资源的信息系统和资源库，及时向社会公布科学技术资源的分布、使用情况。科学技术资源的管理单位应当向社会公布所管理的科学技术资源的共享使用制度和使用情况，并根据使用制度安排使用；法律、行政法规规定应当保密的，依照其规定。科学技术资源的管理单位不得侵犯科学技术资源使用者的知识产权，并应当按照国家有关规定确定收费标准。管理单位和使用者之间的其他权利义务关系由双方约定。

第一百零三条 国家建立科技伦理委员会，完善科技伦理制度规范，加强科技伦理教育和研究，健全审查、评估、监管体系。科学技术研究开发机构、高等学校、企业事业单位等应当履行科技伦理管理主体责任，按照国家有关规定建立健全科技伦理审查机制，对科学技术活动开展科技伦理审查。

第一百零四条 国家加强科研诚信建设，建立科学技术项目诚信档案及科研诚信管理信息系统，坚持预防与惩治并举、自律与监督并重，完善对失信行为的预防、调查、处理机制。县级以上地方人民政府和相关行业主管部门采取各种措施加强科研诚信建设，企业事业单位和社会组织应当履行科研诚信管理的主体责任。任何组织和个人不得虚构、伪造科研成果，不得发布、传播虚假科研成果，不得从事学术论文及其实验研究数据、科学技术计划项目申报验收材料等的买卖、代写、代投服务。

第一百零五条 国家建立健全科学技术统计调查制度和国家创

新调查制度，掌握国家科学技术活动基本情况，监测和评价国家创新能力。国家建立健全科技报告制度，财政性资金资助的科学技术计划项目的承担者应当按照规定及时提交报告。

第一百零六条 国家实行科学技术保密制度，加强科学技术保密能力建设，保护涉及国家安全和利益的科学技术秘密。国家依法实行重要的生物种质资源、遗传资源、数据资源等科学技术资源和关键核心技术出境管理制度。

第一百零七条 禁止危害国家安全、损害社会公共利益、危害人体健康、违背科研诚信和科技伦理的科学技术研究开发和应用活动。从事科学技术活动，应当遵守科学技术活动管理规范。对严重违反科学技术活动管理规范的组织和个人，由科学技术行政等有关部门记入科研诚信严重失信行为数据库。

第十一章 法律责任

第一百零八条 违反本法规定，科学技术行政等有关部门及其工作人员，以及其他依法履行公职的人员滥用职权、玩忽职守、徇私舞弊的，对直接负责的主管人员和其他直接责任人员依法给予处分。

第一百零九条 违反本法规定，滥用职权阻挠、限制、压制科学技术研究开发活动，或者利用职权打压、排挤、刁难科学技术人员的，对直接负责的主管人员和其他直接责任人员依法给予处分。

第一百一十条 违反本法规定，虚报、冒领、贪污、挪用、截留用于科学技术进步的财政性资金或者社会捐赠资金的，由有关主管部门责令改正，追回有关财政性资金，责令退还捐赠资金，给予警告或者通报批评，并可以暂停拨款，终止或者撤销相关科学技术活动；情节严重的，依法处以罚款，禁止一定期限内承担或者参与财政性资金支持的科学技术活动；对直接负责的主管人员和其他直接责任人员依法给予行政处罚和处分。

第一百一十一条　违反本法规定，利用财政性资金和国有资本购置大型科学仪器、设备后，不履行大型科学仪器、设备等科学技术资源共享使用义务的，由有关主管部门责令改正，给予警告或者通报批评，对直接负责的主管人员和其他直接责任人员依法给予处分。

第一百一十二条　违反本法规定，进行危害国家安全、损害社会公共利益、危害人体健康、违背科研诚信和科技伦理的科学技术研究开发和应用活动的，由科学技术人员所在单位或者有关主管部门责令改正；获得用于科学技术进步的财政性资金或者有违法所得的，由有关主管部门终止或者撤销相关科学技术活动，追回财政性资金，没收违法所得；情节严重的，由有关主管部门向社会公布其违法行为，依法给予行政处罚和处分，禁止一定期限内承担或者参与财政性资金支持的科学技术活动、申请相关科学技术活动行政许可；对直接负责的主管人员和其他直接责任人员依法给予行政处罚和处分。违反本法规定，虚构、伪造科研成果，发布、传播虚假科研成果，或者从事学术论文及其实验研究数据、科学技术计划项目申报验收材料等的买卖、代写、代投服务的，由有关主管部门给予警告或者通报批评，处以罚款；有违法所得的，没收违法所得；情节严重的，吊销许可证件。

第一百一十三条　违反本法规定，从事科学技术活动违反科学技术活动管理规范的，由有关主管部门责令限期改正，并可以追回有关财政性资金，给予警告或者通报批评，暂停拨款、终止或者撤销相关财政性资金支持的科学技术活动；情节严重的，禁止一定期限内承担或者参与财政性资金支持的科学技术活动，取消一定期限内财政性资金支持的科学技术活动管理资格；对直接负责的主管人员和其他直接责任人员依法给予处分。

第一百一十四条 违反本法规定，骗取国家科学技术奖励的，由主管部门依法撤销奖励，追回奖章、证书和奖金等，并依法给予处分。违反本法规定，提名单位或者个人提供虚假数据、材料，协助他人骗取国家科学技术奖励的，由主管部门给予通报批评；情节严重的，暂停或者取消其提名资格，并依法给予处分。

第一百一十五条 违反本法规定的行为，本法未作行政处罚规定，其他有关法律、行政法规有规定的，依照其规定；造成财产损失或者其他损害的，依法承担民事责任；构成违反治安管理行为的，依法给予治安管理处罚；构成犯罪的，依法追究刑事责任。

第十二章 附 则

第一百一十六条 涉及国防科学技术进步的其他有关事项，由国务院、中央军事委员会规定。

第一百一十七条 本法自 2022 年 1 月 1 日起施行。

中华人民共和国科学技术普及法

(2002 年 6 月 29 日第九届全国人民代表大会常务委员会第二十八次会议通过)

目 录

第一章　总　则

第一条　为了实施科教兴国战略和可持续发展战略，加强科学技术普及工作，提高公民的科学文化素质，推动经济发展和社会进步，根据宪法和有关法律，制定本法。

第二条　本法适用于国家和社会普及科学技术知识、倡导科学方法、传播科学思想、弘扬科学精神的活动。

开展科学技术普及（以下称科普），应当采取公众易于理解、接受、参与的方式。

第三条　国家机关、武装力量、社会团体、企业事业单位、农村基层组织及其他组织应当开展科普工作。

公民有参与科普活动的权利。

第四条　科普是公益事业，是社会主义物质文明和精神文明建设的重要内容。发展科普事业是国家的长期任务。

国家扶持少数民族地区、边远贫困地区的科普工作。

第五条　国家保护科普组织和科普工作者的合法权益，鼓励科普组织和科普工作者自主开展科普活动，依法兴办科普事业。

第六条　国家支持社会力量兴办科普事业。社会力量兴办科普事业可以按照市场机制运行。

第七条　科普工作应当坚持群众性、社会性和经常性，结合实际，因地制宜，采取多种形式。

第八条　科普工作应当坚持科学精神，反对和抵制伪科学。任何单位和个人不得以科普为名从事有损社会公共利益的活动。

第九条 国家支持和促进科普工作对外合作与交流。

第二章 组织管理

第十条 各级人民政府领导科普工作，应将科普工作纳入国民经济和社会发展计划，为开展科普工作创造良好的环境和条件。

县级以上人民政府应当建立科普工作协调制度。

第十一条 国务院科学技术行政部门负责制定全国科普工作规划，实行政策引导，进行督促检查，推动科普工作发展。

国务院其他行政部门按照各自的职责范围，负责有关的科普工作。

县级以上地方人民政府科学技术行政部门及其他行政部门在同级人民政府领导下按照各自的职责范围，负责本地区有关的科普工作。

第十二条 科学技术协会是科普工作的主要社会力量。科学技术协会组织开展群众性、社会性、经常性的科普活动，支持有关社会组织和企业事业单位开展科普活动，协助政府制定科普工作规划，为政府科普工作决策提供建议。

第三章 社会责任

第十三条 科普是全社会的共同任务。社会各界都应当组织参加各类科普活动。

第十四条 各类学校及其他教育机构，应当把科普作为素质教育的重要内容，组织学生开展多种形式的科普活动。

科技馆（站）、科技活动中心和其他科普教育基地，应当组织开展青少年校外科普教育活动。

第十五条 科学研究和技术开发机构、高等院校、自然科学和社会科学类社会团体，应当组织和支持科学技术工作者和教师开展科普活动，鼓励其结合本职工作进行科普宣传；有条件的，应当向公众开放实验室、陈列室和其他场地、设施，举办讲座和提供咨询。

科学技术工作者和教师应当发挥自身优势和专长，积极参与和支持科普活动。

第十六条 新闻出版、广播影视、文化等机构和团体应当发挥各自优势做好科普宣传工作。

综合类报纸、期刊应当开设科普专栏、专版；广播电台、电视台应当开设科普栏目或者转播科普节目；影视生产、发行和放映机构应当加强科普影视作品的制作、发行和放映；书刊出版、发行机构应当扶持科普书刊的出版、发行；综合性互联网站应当开设科普网页；科技馆（站）、图书馆、博物馆、文化馆等文化场所应当发挥科普教育的作用。

第十七条 医疗卫生、计划生育、环境保护、国土资源、体育、气象、地震、文物、旅游等国家机关、事业单位，应当结合各自的工作开展科普活动。

第十八条 工会、共产主义青年团、妇女联合会等社会团体应当结合各自工作对象的特点组织开展科普活动。

第十九条 企业应当结合技术创新和职工技能培训开展科普活动，有条件的可以设立向公众开放的科普场馆和设施。

第二十条 国家加强农村的科普工作。农村基层组织应当根据当地经济与社会发展的需要，围绕科学生产、文明生活，发挥乡镇科普组织、农村学校的作用，开展科普工作。

各类农村经济组织、农业技术推广机构和农村专业技术协会，应当结合推广先进适用技术向农民普及科学技术知识。

第二十一条　城镇基层组织及社区应当利用所在地的科技、教育、文化、卫生、旅游等资源，结合居民的生活、学习、健康娱乐等需要开展科普活动。

第二十二条　公园、商场、机场、车站、码头等各类公共场所的经营管理单位，应当在所辖范围内加强科普宣传。

第四章　保障措施

第二十三条　各级人民政府应当将科普经费列入同级财政预算，逐步提高科普投入水平，保障科普工作顺利开展。

各级人民政府有关部门应当安排一定的经费用于科普工作。

第二十四条　省、自治区、直辖市人民政府和其他有条件的地方人民政府，应当将科普场馆、设施建设纳入城乡建设规划和基本建设计划；对现有科普场馆、设施应当加强利用、维修和改造。

以政府财政投资建设的科普场馆，应当配备必要的专职人员，常年向公众开放，对青少年实行优惠，并不得擅自改作他用；经费困难的，同级财政应当予以补贴，使其正常运行。

尚无条件建立科普场馆的地方，可以利用现有的科技、教育、文化等设施开展科普活动，并设立科普画廊、橱窗等。

第二十五条　国家支持科普工作，依法对科普事业实行税收优惠。

科普组织开展科普活动、兴办科普事业，可以依法获得资助和捐赠。

第二十六条　国家鼓励境内外的社会组织和个人设立科普基金，用于资助科普事业。

第二十七条　国家鼓励境内外的社会组织和个人捐赠财产资助科普事业；对捐赠财产用于科普事业或者投资建设科普场馆、设施的，依法给予优惠。

第二十八条 科普经费和社会组织、个人资助科普事业的财产，必须用于科普事业，任何单位或者个人不得克扣、截留、挪用。

第二十九条 各级人民政府、科学技术协会和有关单位都应当支持科普工作者开展科普工作，对在科普工作中做出重要贡献的组织和个人，予以表彰和奖励。

第五章 法律责任

第三十条 以科普为名进行有损社会公共利益的活动，扰乱社会秩序或者骗取财物，由有关主管部门给予批评教育，并予以制止；违反治安管理规定的，由公安机关依法给予治安管理处罚；构成犯罪的，依法追究刑事责任。

第三十一条 违反本法规定，克扣、截留、挪用科普财政经费或者贪污、挪用捐赠款物的，由有关主管部门责令限期归还；对负有责任的主管人员和其他直接责任人员依法给予行政处分；构成犯罪的，依法追究刑事责任。

第三十二条 擅自将政府财政投资建设的科普场馆改为他用的，由有关主管部门责令限期改正；情节严重的，对负有责任的主管人员和其他直接责任人员依法给予行政处分。

扰乱科普场馆秩序或者毁损科普场馆、设施的，依法责令其停止侵害、恢复原状或者赔偿损失；构成犯罪的，依法追究刑事责任。

第三十三条 国家工作人员在科普工作中滥用职权、玩忽职守、徇私舞弊的，依法给予行政处分；构成犯罪的，依法追究刑事责任。

第六章 附 则

第三十四条 本法自公布之日起施行。

二、法　规

　　法规是法令、条例、规则和章程等法定文件的总称。法规指国家机关指定的规范性文件。如我国国务院制定和颁布的行政法规，省、自治区、直辖市人大及其常委会制定和公布的地方性法规。设区的市、自治州，也可以制定地方性法规，报省、自治区的人大及其常委会批准后施行。法规也具有法律效力（中国人大网，2015）。

中华人民共和国野生植物保护条例

（1996年9月30日中华人民共和国国务院令第204号发布　根据2017年10月7日《国务院关于修改部分行政法规的决定》修订）

目　录

第一章　总　则

第一条　为了保护、发展和合理利用野生植物资源，保护生物多样性，维护生态平衡，制定本条例。

第二条　在中华人民共和国境内从事野生植物的保护、发展和利用活动，必须遵守本条例。

本条例所保护的野生植物，是指原生地天然生长的珍贵植物和原生地天然生长并具有重要经济、科学研究、文化价值的濒危、稀有植物。

药用野生植物和城市园林、自然保护区、风景名胜区内的野生植物的保护，同时适用有关法律、行政法规。

第三条　国家对野生植物资源实行加强保护、积极发展、合理利用的方针。

第四条　国家保护依法开发利用和经营管理野生植物资源的单位和个人的合法权益。

第五条　国家鼓励和支持野生植物科学研究、野生植物的就地保护和迁地保护。

在野生植物资源保护、科学研究、培育利用和宣传教育方面成绩显著的单位和个人，由人民政府给予奖励。

第六条　县级以上各级人民政府有关主管部门应当开展保护野生植物的宣传教育，普及野生植物知识，提高公民保护野生植物的意识。

第七条　任何单位和个人都有保护野生植物资源的义务，对侵占或者破坏野生植物及其生长环境的行为有权检举和控告。

第八条　国务院林业行政主管部门主管全国林区内野生植物和林区外珍贵野生树木的监督管理工作。国务院农业行政主管部门主管全国其他野生植物的监督管理工作。

国务院建设行政部门负责城市园林、风景名胜区内野生植物的监督管理工作。国务院环境保护部门负责对全国野生植物环境保护工作的协调和监督。国务院其他有关部门依照职责分工负责有关的野生植物保护工作。

县级以上地方人民政府负责野生植物管理工作的部门及其职责，由省、自治区、直辖市人民政府根据当地具体情况规定。

第二章　野生植物保护

第九条　国家保护野生植物及其生长环境。禁止任何单位和个人非法采集野生植物或者破坏其生长环境。

第十条　野生植物分为国家重点保护野生植物和地方重点保护野生植物。

国家重点保护野生植物分为国家一级保护野生植物和国家二级保护野生植物。国家重点保护野生植物名录，由国务院林业行政主管部门、农业行政主管部门（以下简称国务院野生植物行政主管部门）商国务院环境保护、建设等有关部门制定，报国务院批准公布。

地方重点保护野生植物，是指国家重点保护野生植物以外，由省、自治区、直辖市保护的野生植物。地方重点保护野生植物名录，由省、自治区、直辖市人民政府制定并公布，报国务院备案。

第十一条　在国家重点保护野生植物物种和地方重点保护野生植物物种的天然集中分布区域，应当依照有关法律、行政法规的规定，建立自然保护区；在其他区域，县级以上地方人民政府野生植物行政主管部门和其他有关部门可以根据实际情况建立国家重点保护野生植物和地方重点保护野生植物的保护点或者设立保护标志。

禁止破坏国家重点保护野生植物和地方重点保护野生植物的保

护点的保护设施和保护标志。

第十二条 野生植物行政主管部门及其他有关部门应当监视、监测环境对国家重点保护野生植物生长和地方重点保护野生植物生长的影响，并采取措施，维护和改善国家重点保护野生植物和地方重点保护野生植物的生长条件。由于环境影响对国家重点保护野生植物和地方重点保护野生植物的生长造成危害时，野生植物行政主管部门应当会同其他有关部门调查并依法处理。

第十三条 建设项目对国家重点保护野生植物和地方重点保护野生植物的生长环境产生不利影响的，建设单位提交的环境影响报告书中必须对此作出评价；环境保护部门在审批环境影响报告书时，应当征求野生植物行政主管部门的意见。

第十四条 野生植物行政主管部门和有关单位对生长受到威胁的国家重点保护野生植物和地方重点保护野生植物应当采取拯救措施，保护或者恢复其生长环境，必要时应当建立繁育基地、种质资源库或者采取迁地保护措施。

第三章 野生植物管理

第十五条 野生植物行政主管部门应当定期组织国家重点保护野生植物和地方重点保护野生植物资源调查，建立资源档案。

第十六条 禁止采集国家一级保护野生植物。因科学研究、人工培育、文化交流等特殊需要，采集国家一级保护野生植物的，应当按照管理权限向国务院林业行政主管部门或者其授权的机构申请采集证；或者向采集地的省、自治区、直辖市人民政府农业行政主管部门或者其授权的机构申请采集证。

采集国家二级保护野生植物的，必须经采集地的县级人民政府野生植物行政主管部门签署意见后，向省、自治区、直辖市人民政府野生植物行政主管部门或者其授权的机构申请采集证。

采集城市园林或者风景名胜区内的国家一级或者二级保护野生植物的，须先征得城市园林或者风景名胜区管理机构同意，分别依照前两款的规定申请采集证。

采集珍贵野生树木或者林区内、草原上的野生植物的，依照森林法、草原法的规定办理。

野生植物行政主管部门发放采集证后，应当抄送环境保护部门备案。

采集证的格式由国务院野生植物行政主管部门制定。

第十七条 采集国家重点保护野生植物的单位和个人，必须按照采集证规定的种类、数量、地点、期限和方法进行采集。

县级人民政府野生植物行政主管部门对在本行政区域内采集国家重点保护野生植物的活动，应当进行监督检查，并及时报告批准采集的野生植物行政主管部门或者其授权的机构。

第十八条 禁止出售、收购国家一级保护野生植物。

出售、收购国家二级保护野生植物的，必须经省、自治区、直辖市人民政府野生植物行政主管部门或者其授权的机构批准。

第十九条 野生植物行政主管部门应当对经营利用国家二级保护野生植物的活动进行监督检查。

第二十条 出口国家重点保护野生植物或者进出口中国参加的国际公约所限制进出口的野生植物的，应当按照管理权限经国务院林业行政主管部门批准，或者经进出口者所在地的省、自治区、直辖市人民政府农业行政主管部门审核后报国务院农业行政主管部门批准，并取得国家濒危物种进出口管理机构核发的允许进出口证明书或者标签。海关凭允许进出口证明书或者标签查验放行。国务院野生植物行政主管部门应当将有关野生植物进出口的资料抄送国务院环境保护部门。

禁止出口未定名的或者新发现并有重要价值的野生植物。

第二十一条 外国人不得在中国境内采集或者收购国家重点保护野生植物。

外国人在中国境内对农业行政主管部门管理的国家重点保护野生植物进行野外考察的,应当经农业行政主管部门管理的国家重点保护野生植物所在地的省、自治区、直辖市人民政府农业行政主管部门批准。

第二十二条 地方重点保护野生植物的管理办法,由省、自治区、直辖市人民政府制定。

第四章 法律责任

第二十三条 未取得采集证或者未按照采集证的规定采集国家重点保护野生植物的,由野生植物行政主管部门没收所采集的野生植物和违法所得,可以并处违法所得 10 倍以下的罚款;有采集证的,并可以吊销采集证。

第二十四条 违反本条例规定,出售、收购国家重点保护野生植物的,由工商行政管理部门或者野生植物行政主管部门按照职责分工没收野生植物和违法所得,可以并处违法所得 10 倍以下的罚款。

第二十五条 非法进出口野生植物的,由海关依照海关法的规定处罚。

第二十六条 伪造、倒卖、转让采集证、允许进出口证明书或者有关批准文件、标签的,由野生植物行政主管部门或者工商行政管理部门按照职责分工收缴,没收违法所得,可以并处 5 万元以下的罚款。

第二十七条 外国人在中国境内采集、收购国家重点保护野生植物，或者未经批准对农业行政主管部门管理的国家重点保护野生植物进行野外考察的，由野生植物行政主管部门没收所采集、收购的野生植物和考察资料，可以并处 5 万元以下的罚款。

第二十八条　违反本条例规定，构成犯罪的，依法追究刑事责任。

第二十九条　野生植物行政主管部门的工作人员滥用职权、玩忽职守、徇私舞弊，构成犯罪的，依法追究刑事责任；尚不构成犯罪的，依法给予行政处分。

第三十条　依照本条例规定没收的实物，由作出没收决定的机关按照国家有关规定处理。

第五章　附　则

第三十一条　中华人民共和国缔结或者参加的与保护野生植物有关的国际条约与本条例有不同规定的，适用国际条约的规定；但是，中华人民共和国声明保留的条款除外。

第三十二条　本条例自 1997 年 1 月 1 日起施行。

三、指　南

指南是给出某主题的一般性、原则性、方向性的信息、指导或建议的文件（标准化工作导则，2009）。

废塑料污染控制技术规范（HJ 364—2022）

前　言

为贯彻《中华人民共和国环境保护法》《中华人民共和国固体废物污染环境防治法》等法律法规，防治环境污染，改善生态环境质量，规范和指导废塑料的污染控制，制定本标准。

本标准规定了废塑料产生、收集、运输、贮存、预处理、再生利用和处置等过程的污染控制和环境管理要求。

本标准是对《废塑料回收与再生利用污染控制技术规范（试行）》（HJ/T 364—2007）的修订。

本标准首次发布于 2007 年，本次为第一次修订。

本次修订的主要内容：

——修改了标准的名称；

——调整了标准的适用范围；

——更新了标准的规范性引用文件；

——增加了产生环节污染控制要求；

——调整了部分环节污染控制指标与技术要求。

自本标准实施之日起，《废塑料回收与再生利用污染控制技术规范（试行）》（HJ/T 364—2007）废止。

本标准由生态环境部固体废物与化学品司、法规与标准司组织制订。

本标准主要起草单位：中国环境科学研究院、清华大学、生态环境部固体废物与化学品管理技术中心、重庆市固体废物管理中心。

本标准生态环境部 2022 年 5 月 31 日批准。

本标准自 2022 年 5 月 31 日起实施。

本标准由生态环境部解释。

1　适用范围

本标准规定了废塑料产生、收集、运输、贮存、预处理、再生利用和处置等过程的污染控制技术要求。

本标准适用于废塑料产生、收集、运输、贮存、预处理、再生利用和处置过程的污染控制与环境管理，可作为废塑料再生利用和处置等建设项目的环境影响评价、环境保护设施设计、竣工环保验收、排污许可管理和清洁生产审核等的技术依据。

本标准不适用于废弃可降解塑料。

2　规范性引用文件

本标准引用了下列文件或其中的条款。凡是注明日期的引用文件，仅注日期的版本适用于本标准。凡是未注日期的引用文件，其最新版本（包括所有的修改单）适用于本标准。

GB 5085.7 危险废物鉴别标准 通则

GB 12348 工业企业厂界环境噪声排放标准

GB 14554 恶臭污染物排放标准

GB 15562.2 环境保护图形标志—固体废物贮存（处置）场

GB 16297 大气污染物综合排放标准

GB 16889 生活垃圾填埋场污染控制标准

GB/T 19001 质量管理体系 要求

GB/T 24001 环境管理体系 要求及使用指南

GB 31572 合成树脂工业污染物排放标准

GB 34330 固体废物鉴别标准 通则

GB/T 37547 废塑料分类及代码

GB 37822 挥发性有机物无组织排放控制标准

GB/T 45001 职业健康安全管理体系 要求及使用指南

HJ 662 水泥窑协同处置固体废物环境保护技术规范

HJ 819 排污单位自行监测技术指南 总则

《医疗废物管理条例》（中华人民共和国国务院令 第 588 号）

《产业结构调整指导目录》（国家发展和改革委员会令 第 29 号）

《清洁生产审核办法》（国家发展和改革委员会 环境保护部令 第 38 号）

《农药包装废弃物回收处理管理办法》（农业农村部 生态环境部令 第 6 号）

3 术语和定义

下列术语和定义适用于本标准。

3.1 废塑料 plastic waste

废弃的各种塑料制品及塑料材料。

3.2 预处理 pre-treatment

废塑料在再生利用和处置前的分选、破碎、清洗和干燥等处理工序或行为。

3.3 再生利用 recycling

从废塑料中获取或使其转化为可利用物质的活动，一般包括物理再生和化学再生。

3.4 物理再生 mechanical recycling

将废塑料通过物理方式加工为再生原料的过程。

3.5 化学再生 chemical recycling

利用化学方法使废塑料重新转化为树脂单体、低聚物、裂解产物或合成气的过程。

4 总体要求

4.1 应加强塑料制品的绿色设计，以便于重复使用和利用处置。

4.2 宜以提高资源利用率和减少环境影响为原则，按照重复使用、再生利用和处置的顺序，选择合理可行的废塑料利用处置技术路线。

4.3 涉及废塑料的产生、收集、运输、贮存、利用、处置的单位和其他生产经营者，应根据产生的污染物采取防扬散、防流失、防渗漏或者其他防止污染环境的措施，并执行国家和地方相关排放标准。

4.4 废塑料的产生、收集、贮存、预处理和再生利用企业内应单独划分贮存场地，不同种类的废塑料宜分开贮存，贮存场地应具有防雨、防扬散、防渗漏等措施，并按 GB 15562.2 的要求设置标识。

4.5 含卤素废塑料的预处理与再生利用，宜与其他废塑料分开进行。

4.6 废塑料的收集、再生利用和处置企业，应建立废塑料管理台账，内容包括废塑料的来源、种类、数量、去向等，相关台账应保存至少 3 年。

4.7 属于危险废物的废塑料，按照危险废物进行管理和利用处置。

4.8 废塑料的产生、收集、再生利用和处置过程除应满足生态环境保护相关要求外，还应符合国家安全生产、职业健康、交通运输、消防等法规、标准的相关要求。

5 产生环节污染控制要求

5.1 工业源废塑料污染控制要求

废塑料产生企业应根据材质特性以及再生利用和处置方式，对下脚料、边角料、残次品、废弃塑料制品、废弃塑料包装物等进行分类收集、贮存，并建立废塑料管理台账，内容包括废塑料的种类、数量、去向等，相关台账应保存至少 3 年。

5.2 生活源废塑料污染控制要求

5.2.1 废塑料类可回收物应按照当地生活垃圾分类管理要求投放至可回收物垃圾桶或专用回收设施内，或交给再生资源回收企业。

5.2.2 投入有害垃圾收集设施集中收集的废塑料类有害垃圾，应交由有资质的单位进行利用处置。

5.3 农业源废塑料污染控制要求

5.3.1 废弃的非全生物降解塑料农膜，应进行回收，不得丢弃、掩埋或者露天焚烧。

5.3.2 废弃的非全生物降解渔网、渔具、网箱等废塑料，应进行回收，不得丢弃、掩埋或者露天焚烧。

5.3.3 废弃的肥料包装袋（桶或瓶）等废塑料，应进行回收，不得丢弃、掩埋或者露天焚烧。

5.4 医疗机构可回收物中废塑料污染控制要求

5.4.1 医疗机构中废塑料等可回收物，应投放至专门容器中，严禁与医疗废物混合。

5.4.2 医疗机构可回收物中废塑料的收集容器、包装物应有明显标识。

5.4.3 医疗机构可回收物中废塑料的收集、搬运、暂存、转运等操作过程，应与医疗废物分开进行。

6 收集和运输污染控制要求

6.1 收集要求

6.1.1 废塑料收集企业应参照 GB/T 37547，根据废塑料来源、特性及使用过程对废塑料进行分类收集。

6.1.2 废塑料收集过程中应避免扬散，不得随意倾倒残液及清洗。

6.2 运输要求

废塑料及其预处理产物的装卸及运输过程中，应采取必要的防扬散、防渗漏措施，应保持运输车辆的洁净，避免二次污染。

7 预处理污染控制要求

7.1 一般性要求

7.1.1 应根据废塑料的来源、特性、污染情况以及后续再生利用或处置的要求，选择合理的预处理方式。

7.1.2 废塑料的预处理应控制二次污染。大气污染物排放应符合 GB 31572 或 GB 16297、GB 37822 等标准的规定。恶臭污染物排放应符合 GB 14554 的规定。废水控制应根据出水受纳水体的功能要求或纳管要求，执行国家和地方相关排放标准，重点控制的污染物指标包括悬浮物、pH 值、色度、石油类和化学需氧量等。噪声排放应符合 GB 12348 的规定。

7.2 分选要求

7.2.1 应采用预分选工艺，将废塑料与其他废物分开，提高下游自动化分选的效率。

7.2.2 废塑料分选应遵循稳定、二次污染可控的原则，根据废塑料特性，宜采用气流分选、静电分选、X 射线荧光分选、近红外分选、熔融过滤分选、低温破碎分选及其他新型的自动化分选等单一或集成化分选技术。

7.3 破碎要求

废塑料的破碎方法可分为干法破碎和湿法破碎。使用干法破碎时，应配备相应的防尘、防噪声设备。使用湿法破碎时，应有配套的污水收集和处理设施。

7.4 清洗要求

7.4.1 宜采用节水的自动化清洗技术，宜采用无磷清洗剂或其他绿色清洗剂，不得使用有毒有害的清洗剂。

7.4.2 应根据清洗废水中污染物的种类和浓度，配备相应的废水收集和处理设施，清洗废水处理后宜循环使用。

7.5 干燥要求

宜选择闭路循环式干燥设备。干燥环节应配备废气收集和处理设施，防止二次污染。

8 再生利用和处置污染控制要求

8.1 一般性要求

8.1.1 应根据废塑料材质特性、混杂程度、洁净度、当地环境和产业情况,选择适当的利用处置工艺。

8.1.2 应在符合《产业结构调整指导目录》的前提下,综合考虑所在区域废塑料产生情况、社会经济发展水平、产业布局及规划、再生利用产品市场需求、再生利用技术污染防治水平等因素,合理确定再生利用设施的生产规模与技术路线。

8.1.3 应根据废塑料再生利用过程产生的废水中污染物种类和浓度,配备相应的废水收集和处理设施,处理后的废水宜进行循环使用,排放的废水应根据出水受纳水体功能要求或纳管要求,执行国家和地方相关排放标准,重点控制的污染物指标包括化学需氧量、悬浮物、pH 值、色度、石油类、可吸附有机卤化物等。

8.1.4 应加强新污染物和优先控制化学品的监测评估与治理。

8.1.5 应收集并处理废塑料再生利用过程中产生的废气,大气污染物排放应符合 GB 31572 或 GB 16297、GB 37822 等标准的规定,恶臭污染物排放应符合 GB 14554 的规定。

8.1.6 废塑料再生利用过程中应控制噪声污染,噪声排放应符合 GB 12348 的规定。

8.1.7 废塑料中的金属、橡胶、纤维、渣土、油脂等夹杂物,以及废塑料再生利用过程中产生的不可利用废物应建立台账,不得擅自丢弃、倾倒、焚烧与填埋,属于危险废物的应交由有相关资质单位进行利用处置。

8.1.8 再生塑料制品或材料在生产过程中不得使用全氯氟烃作发泡剂;制造人体接触的再生塑料制品或材料时,不得添加有毒有害的化学助剂。

8.2　物理再生要求

8.2.1　废塑料的物理再生工艺中，熔融造粒车间应安装废气收集及处理装置，挤出工艺的冷却废水宜循环使用。

8.2.2　宜采用节能熔融造粒技术，含卤素废塑料宜采用低温熔融造粒工艺。

8.2.3　宜使用无丝网过滤器造粒机，减少废滤网产生。采用焚烧方式处理塑料挤出机过滤网片时，应配备烟气净化装置。

8.3　化学再生要求

8.3.1　含有聚氯乙烯等含卤素塑料的混合废塑料进行化学再生时，应进行适当的脱氯、脱硅及脱除金属等处理，以满足生产及产品质量和污染防治要求。

8.3.2　化学再生过程不宜使用含重金属添加剂。

8.3.3　化学再生过程使用的含重金属催化剂应优先循环使用，废弃的催化剂应委托有资质的单位进行利用或处置。

8.3.4　废塑料化学再生裂解设施应使用连续生产设备（包含连续进料系统、连续裂解系统和连续出料系统）。

8.3.5　废塑料化学再生产物，应按照 GB 34330 进行鉴别，经鉴别属于固体废物的，应按照固体废物管理并按照 GB 5085.7 进行鉴别，经鉴别属于危险废物的，应按照危险废物管理。

8.4　处置要求

8.4.1　使用生活垃圾等焚烧设施处置废塑料时，污染物排放应执行相应设施的排放标准。使用水泥窑等工业窑炉协同处置含卤素废塑料时，应按照 HJ 662 的要求严格控制入窑卤素元素含量。

8.4.2　进入生活垃圾填埋场处置时，废塑料应当满足 GB 16889 中对填埋废物的入场要求。

9 运行环境管理要求

9.1 一般性要求

9.1.1 废塑料的产生、收集、运输、贮存和再生利用企业，应按照 GB/T 19001、GB/T 24001、GB/T 45001 等标准建立管理体系，设置专门的部门或者专（兼）职人员，负责废塑料收集和再生利用过程中的相关环境管理工作。

9.1.2 废塑料的产生和再生利用企业，应按照排污许可证规定严格控制污染物排放。

9.1.3 废塑料的产生、收集、运输、贮存和再生利用企业，应对从业人员进行环境保护培训。

9.2 项目建设的环境管理要求

9.2.1 废塑料的再生利用项目应严格执行环境影响评价和"三同时"制度。

9.2.2 新建和改扩建废塑料再生利用项目的选址应符合当地城市总体发展规划、用地规划、生态环境分区管控方案、规划环评及其他环境保护要求。

9.2.3 废塑料再生利用项目应按功能划分厂区，包括管理区、原料贮存区、生产区、产品贮存区、不可利用废物的贮存和处理区等，各功能区应有明显的界线或标识。

9.3 清洁生产要求

9.3.1 新建和改扩建的废塑料再生利用企业，应严格按照国家清洁生产相关规定等确定的生产工艺及设备指标、资源和能源消耗指标、资源综合利用指标、产品特征指标、污染物产生指标（末端处理前）、清洁生产管理指标等进行建设和生产。

9.3.2 实施强制性清洁生产审核的废塑料再生利用企业，应按照《清洁生产审核办法》的要求开展清洁生产审核，逐步淘汰技术落后、能耗高、资源综合利用率低和环境污染严重的工艺和设备。

9.3.3 废塑料的再生利用企业，应积极推进工艺、技术和设备提升改造，积极应用先进的清洁生产技术。

9.4 监测要求

9.4.1 废塑料的再生利用和处置企业，应按照排污许可证、HJ 819 以及本标准的要求，制定自行监测方案，对废塑料的利用处置过程污染物排放状况及周边环境质量的影响开展自行监测，保存原始监测记录，并依规进行信息公开。

9.4.2 不同污染物的采样监测方法和频次执行相关国家和行业标准，保留监测记录以及特殊情况记录。

10 属于危险废物的废塑料的特殊要求

10.1 医疗废物中的废塑料按照《医疗废物管理条例》要求进行收集和处置。

10.2 农药包装废弃物按照《农药包装废弃物回收处理管理办法》要求进行收集、利用、处置。

10.3 含有或者沾染危险废物的塑料类包装物，应处理并符合相关标准要求后，优先用于原始用途，不能再次使用的按照危险废物相关规定利用处置。

参考资料

Alice Rosil，Pedro Mena 1，Nicoletta Pellegrini，et al. Environmental impact of omnivorous，ovo-lacto-vegetarian，and vegan diet [J]. Enviromental Research Letters，2017，7：6105.

Diana Ivanova，Gibran Vita，Kjartan Steen-Olsen，et al. Mapping the Carbon Footprint of EU Regions [J]. Enviromental Research Letters，2017，12：054013.

EPA. 保护自己不受辐射伤害[EB/OL].（2023-07-05）[2023-09-18]. https://www. epa. gov/lep/radiation-protection-chinese-tr#time.

Paul N Appleby，Timothy J Key. The long-term health of vegetarians and vegans [J]. Proceedings of the Nutrition Society，2016，75：287-293.

Shaowen Ye，Zhongjie Li，Jiashou Liu，et al. Distribution，Endemism and Conservation Staus of Fishes in the Yangtze River Basin，China[M]//Oscar Grillo Gianfranco V Ecosystems Biodiversity，Rijeka，Croatia，InTech，2011，41-66.

Wu Z Y，Sun H，Zhou Z K，Li D Z，Peng H（2011）Floristics of Seed Plants from China. Science Press，Beijing.（in Chinese）［吴征镒，孙航，周浙昆，李德铢，彭华（2011）中国种子植物区系地理. 科学出版社，北京. ］

安徽省生态环境厅. 图解：碳达峰碳中和解读 [EB/OL].（2021-03-02）[2024-06-07]. http://www. cnenergynews. cn/huanbao/2021/03/02/ detail_ 2021030292162. html.

兵团文明网. 拒绝"白色污染"！减塑行动，从我做起！[EB/OL].（2022-07-15）[2024-07-04]. http://www. btwmw. net/content/content_1637735. html.

陈炳耀，信誉，路方婷，等. 长江江豚监测现状及展望[J]. 中国环境监测，2023，

39（2）：1-10. DOI：10. 19316/j. issn. 1002-6002. 2023. 02. 01.

陈海明,董侠,赵莹,等. 废弃一次性医用口罩的回收利用与化学升级再造[J]. 高分子学报,2020,51（12）：1295-1306.

陈进,刘志明. 近年来长江水功能区水质达标情况分析[J]. 长江科学院院报,2019,36（1）：1-6.

陈进. 把脉长江水资源———谈长江特点及战略地位[J]. 中国水利,2016（12）：61-64.

陈沛然,王成金. 长江流域港口煤炭运输的空间演化及其影响因素[J]. 地理研究,2019,38（9）：2254-2272.

陈曦. "吃掉"塑料,角质酶或可对抗"白色污染"[N]. 科技日报,2023-04-25（6）. DOI：10. 28502/n. cnki. nkjrb. 2023. 002292.

成金华,彭昕杰. 长江经济带矿产资源开发对生态环境的影响及对策[J]. 环境经济研究,2019,4（2）：125-134. DOI：10.19511/j.cnki.jee.2019.02.009.

成长春,刘峻源,殷洁. "十四五"时期全面推进长江经济带协调性均衡发展的思考[J]. 区域经济评论,2021（4）：49-53,2. DOI：10.14017/j.cnki.2095-5766.2021.0069.

邓辅玉,黄诗雨. 城市居民低碳生活路径研究———以重庆市为例[J]. 重庆工商大学学报（社会科学版）,2019,36（5）：28-36.

杜欢政,刘建成,陆莎. 双碳目标下纺织产业的绿色创新与发展[J]纺织学报,2022,43（9）：120-128.

段晓梅. 城乡绿地系统规划[M]. 北京：中国农业大学出版社,2017.

冯霞. 环保科技：如何利用科技解决环境问题[J]. 科学之友,2024（6）：158-159.

福建省生态环境厅. 辐射在医疗领域（放射诊疗）可造福人类[EB/OL].（2021-01-06）[2023-09-18]. https://sthjt. fujian. gov. cn/zwgk/ywxx/fsjg/fsjg/202101/t20210112_5516619. htm.

共产党员网. 二十大报告解读｜推动绿色发展 建设美丽中国[EB/OL].（2022-10-27）[2024-06-17]. https://www. 12371. cn/2022/10/27/VIDE16668

76801741101. shtml.

光明网. 积极稳妥推进碳达峰碳中和[EB/OL]. （2024-04-30）[2024-06-07]. https://politics. gmw. cn/2024-04/30/content_37296347. htm.

国际原子能机构. 癌症治疗：放射治疗[EB/OL]. （2023-02-23）[2023-09-18]. https://www. iaea. org/zh/zhu-ti/yan-zheng-zhi-liao-fang-she-zhi-liao.

国际原子能机构. 什么是辐射？IAEA [EB/OL]. （2018-03-23）[2023-09-18]. https://www. iaea. org/zh/newscenter/news/shi-yao-shi-fu-she.

国家动物标本资源库. 中华鲟[EB/OL]. （2023-09-25）[2024-06-22]. http:// museum. ioz. ac. cn/index. html.

国家发展和改革委员会. 国家发展改革委关于印发《绿色生活创建行动总体方案》的通知[EB/OL]. （2019-10-29）[2022-11-20]. http://www. gov. cn/xinwen/ 2019-11/05/content_5448936. htm.

国家发展和改革委员会. 破局塑料污染，中国在行动[EB/OL]. （2022-05-23） [2024-07-04]. https://www.ndrc.gov.cn/xwdt/ztzl/slwrzlzxd/202205/ t20220523_ 1325163. html.

国家发展和改革委员会. 生态环境部关于印发"十四五"塑料污染治理行动方案 的 通 知 [EB/OL]. （2021-09-16）. https://baijiahao. baidu. com/s？ id=17109326917 86012489&wfr=spider&for=pc.

国家发展和改革委员会. 中国废塑料回收利用量居世界第一意味着什么[EB/OL]. （2022-06-25） [2024-07-04]. https://www.ndrc.gov.cn/xwdt/ztzl/slwrzlzxd/ 202206/t20220625_1328705_ext. html.

国家和发展改革委员会. 专题发布会|介绍"十四五"长江经济带发展"1+N"规划政策体系有关情况[EB/OL]. （2021-11-05）[2024-05-29]. https://www. ndrc. gov. cn/fggz/fgzy/xmtjd/202111/t20211105_1303284. html.

国家核安全局. [电磁科普]如何正确认识电磁辐射,建立科学理性的环境安全"风险意识"？[EB/OL]. （2021-09-02）[2023-09-19]. https://nnsa. mee. gov. cn/ztzl/xgzgt/hyfsaqkp/kptw/202303/t20230320_1021043. html.

国家核安全局. [辐射防护]什么是内照射，内照射途径是什么[EB/OL]. （2015-10-26）[2023-09-16]. https://nnsa.mee.gov.cn/ztzl/xgzgt/hyfsaqkp/kptw/202303/t20230320_1020636.html.

国家核安全局. [辐射防护]什么是外照射，外照射途径是什么[EB/OL]. （2015-10-26）[2023-09-16]. https://nnsa.mee.gov.cn/ztzl/xgzgt/hyfsaqkp/kptw/202303/t20230320_1020635.html.

国家核安全局. [核能]我们日常生活中会受到哪些辐射？[EB/OL].（2016-04-12）[2023-09-17]. https://nnsa.mee.gov.cn/ztzl/xgzgt/hyfsaqkp/kptw/202303/t20230320_1020783.html.

国家核安全局. [核事故与应急]什么是核电厂核事故？（2015-01-19）[2023-09-24]. https://nnsa.mee.gov.cn/ztzl/xgzgt/hyfsaqkp/kptw/202303/t20230320_1020572.html.

国家核安全局. 电磁辐射与电离辐射有何不同？[EB/OL]. （2019-07-24）[2023-09-18]. https://nnsa.mee.gov.cn/ztzl/xgzgt/hyfsaqkp/kptw/202303/t20230320_1021077.html.

国家核安全局. 国家核安全知识百问（六）[EB/OL]. （2023-09-12）[2023-09-17]. https://nnsa.mee.gov.cn/ztzl/xgzgt/hyfsaqkp/kptw/202309/t20230912_1040683.html.

国家核安全局. 神奇的核技术（十六）——辐射的防护与管理[EB/OL]. （2019-05-07）[2023-09-19]. http://nnsa.mee.gov.cn/ztzl/xgzgt/hyfsaqkp/kptw/202303/t20230320_1021063.html.

国家林业和草原局政府网. 中国自然保护地新政速览[EB/OL]. （2020-12-14）[2024-06-22]. https://www.forestry.gov.cn/main/3957/20201214/143553480335710.html.

国家统计局. 一体化推动高质量发展 长三角区域发展指数稳步提升[EB/OL]. （2023-12-25）[2024-05-29]. https://www.stats.gov.cn/sj/zxfb/202312/t20231221_1945711.html.

国家统计局. 中华人民共和国 2023 年国民经济和社会发展统计公报[EB/OL].
（2024-02-29）[2024-05-29]. https://www.stats.gov.cn/sj/zxfb/202402/t2024
0228_1947915. html.

国家卫生健康委员会. 放射性核素内污染人员医学处理规范 [EB/OL].
（2017-10-27）[2023-09-24]. https://std. samr. gov. cn/hb/search/
stdHBDetailed？id=8B1827F24C61BB19E05397BE0A0AB44A.

国家职业卫生标准. 内照射放射病诊断标准[EB/OL]. （2011-11-23）[2023-09-24].
https://www. doc88. com/p-5819549964691. html.

国务院. 国务院关于印发"十四五"节能减排综合工作方案的通知[EB/OL].
（2022-01-24）[2022-11-20]. http://www. gov. cn/zhengce/content/2022-01/24/
content_5670202. htm.

韩家波，张先锋，张闯. 可爱的水生哺乳动物[M]. 北京：海洋出版社，2017.

韩立钊，王同林，姚燕. "白色污染"的污染现状及防治对策研究[J]. 中国人
口·资源与环境，2010，20（S1）：402-404.

韩立钊，王同林，姚燕. "白色污染"的污染现状及防治对策研究[J]. 中国人
口·资源与环境，2010，20（S1）：402-404.

杭州生态环境局. 中国环境监测总站站长张大伟一行调研杭州"生态环境监测
AI 人工智能实验室"[EB/OL]. （2023-11-24)[2024-06-26]. https://mp. weixin.
qq. com/s？__biz=MjM5OTI5ODY1MA==&mid=2651000759 &idx= 2&sn=
ef0e5778631bcb8abcd92e87f3c4302a&chksm=bcca3c828bbdb594340b628ab9
c19f4b8eb5dc7cb10347d4a10f0d76be199a78b55011373ba9&scene=27.

郝吉明，田金平，卢琬莹，等. 长江经济带工业园区绿色发展战略研究[J]. 中国
工程科学，2022，24（1）：155-165.

胡春宏，张双虎. 论长江开发与保护策略[J]. 人民长江，2020，51（1）：1-5. DOI：
10. 16232/j. cnki. 1001-4179. 2020. 01. 001.

胡春宏，张双虎. 长江经济带水安全保障与水生态修复策略研究[J]. 中国工程科
学，2022，24（1）：166-175.

胡晓杰. 我国全链条治理塑料污染[J]. 生态经济，2021，37（11）：9-12.

黄冠燚，张琴. "白色污染"现状及防治研究[J]. 资源节约与环保，2018（12）：1-5.

黄攀攀，彭虹，张万顺. 国家主体功能区战略实施下长江经济带农业综合发展水平定量评估[J]. 武汉大学学报（工学版），2020，53（3）：189-197. DOI：10. 14188/j. 1671-8844. 2020-03-01.

吉林向海国家级自然保护区管理局. 吉林向海国家级自然保护区旅游胜地 鸟类天堂. 2021. http://bhq. papc. cn/org/xianghai/.

纪向正. 绿色低碳生活方式在城市化进程中的应用[J]. 当代县域经济，2023（8）：77-79. DOI：10. 16625/j. cnki. 51-1752/f. 2023. 08. 018.

建瓯市人民政府. 万木林自然保护区. 2020. http://www. jo. gov. cn/cms/html/szfwz/2020-05-26/723508544. html.

姜洋. 略谈白色污染的危害及防治[J]. 民营科技，2016（6）：245.

交通运输部. 长江干线港口年货物吞吐量创新高[EB/OL]. （2023-12-28）[2024-05-29].   https://www.mot.gov.cn/jiaotongyaowen/202312/t20231228_3976827.html.

焦琳，何仕均，龚文琪. UV、臭氧和电离辐射工艺用于污水消毒的对比研究及经济分析[J]. 武汉理工大学学报，2012，34（5）：82-86.

金泉，李鹏鹏，张瑞花，等. 水菜花异形叶片叶绿素荧光特征与HCO_3利用能力的研究[J]. 植物科学学报，2019，37（5）：637-643.

科普中国. [科普中国]-环境保护 [EB/OL]. （2021-12-31）[2024-06-17]. https://www. kepuchina. cn/article/articleinfo？business_type=100&classify=0&ar_id=349662.

黎修东，骆华容，莫惠芝，等. 不同水分条件下3种苔藓植物的生理响应[J]. 江西农业学报，2018，30（4）：39-43.

李翀，李玮，周睿萌，等. 长江大保护战略下科技支撑长江生态环境治理的几点思考[J]. 环境工程技术学报，2022，12（2）：356-360.

李建军. 塑料工业: 绿色低碳循环[J]. 塑料工业, 2022, 50 (6): 1-17.

李文波. 白色污染的现状分析及其绿色化防治[J]. 当代化工研究, 2022 (3): 60-62.

李信茹, 周民, 米屹东, 等. 智慧环保体系在环境治理中的应用[J]. 环境工程技术学报, 2021, 11 (5): 992-1003.

李云燕, 张雪莹. 基于空间视角的交通运输规模对交通碳排放的影响路径[J/OL]. 环境科学: 1-20[2024-06-21]. https://doi. org/10. 13227/j. hjkx. 202311163.

联合国公约与宣言. 生物多样性公约[EB/OL]. (1992)[2024-06-22]. https://www. un. org/zh/documents/treaty/cbd.

联合国环境规划署. 海洋垃圾中 85%是塑料[EB/OL]. (2021-10-23)[2024-06-25]. https://baijiahao. baidu. com/s? id=1714370971829490512&wfr= spider&for=pc.

联合国环境规划署. 禁塑令有助于减少有毒气体排放[EB/OL]. (2021-04-15) [2024-07-04]. https://www. unep. org/zh-hans/xinwenyuziyuan/gushi/jinsuling youzhuyujianshaoyouduqitipaifang.

联合国气候行动. 为什么生物多样性至关重要 [EB/OL]. (2024-06-21) [2024-06-22]. https://www. un. org/zh/climatechange/science/climate-issues/ biodiversity.

联合国新闻. 噩梦般的记忆: 切尔诺贝利核事故灾难纪念日反思[EB/OL]. (2018-04-25) [2023-09-16]. https://news. un. org/zh/story/2018/04/1007312.

凌玲, 闫淑君, 关永鑫, 等. 河岸带植被群落物种组成及多样性分布特征[J]. 世界林业研究, 2023, 36 (5): 27-33. DOI: 10. 13348/j. cnki.sjlyyj.2023.0069.y.

娄保锋, 卓海华, 周正, 等. 近 18 年长江干流水质和污染物通量变化趋势分析[J]. 环境科学研究, 2020, 33 (5): 1150-1162. DOI: 10. 13198/j. issn. 1001-6929. 2020. 04. 24.

卢昌彩. 加强长江流域水生生物资源养护管理的对策探讨[J]. 中国水产, 2018 (3): 28-30.

罗磊, 孙浩, 盖超, 等. 同步辐射光谱技术在有机固废污染控制与资源化研究中的应用[J]. 环境工程学报，2021，15（12）：3830-3843.

吕也玫. 参与低碳行动，追求低碳生活[N]. 兰州日报，2020-07-06（2）.

马大燕，张朝正，潘登，等. "双碳"目标下中国居民食物消费结构升级及碳排放分析研究[J]. 中国食品卫生杂志，2023，35（7）：975-980. DOI：10. 13590/j. cjfh. 2023. 07. 001.

马占峰，姜宛君. 中国塑料加工工业（2020）[J]. 中国塑料，2021，35（5）：119-120.

马占峰，牛国强，芦珊. 中国塑料加工工业（2021）[J]. 中国塑料，2022，36（6）：142.

孟令航，陆传捷，彭静. 辐射技术在医疗领域中的应用进展[J]. 大学化学，2023，38（2）：1-9.

莫惠芝，骆华容，刘建华，等. 不同光照条件对三种苔藓植物光合特性的影响[J]. 北方园艺，2018（15）85-91.

牛玲娟，冀静平，李金惠. 塑料包装废弃物污染现状与管理对策[J]. 环境科学进展，1999（4）：128-134.

农业农村部. 《长江流域水生生物资源及生境状况公报（2022 年）》[EB/OL]. （2023-10-13）[2024-06-22]. https://ihb.cas.cn/kxcb_1/kxcb/202103/ t20210312_ 5974282. html.

农业农村部. 《长江生物多样性保护实施方案（2021—2025 年）》[EB/OL]. （2021-12-08）[2024-06-22]. https://www. gov. cn/xinwen/2021-12/08/content_ 5659233. htm.

彭芸. 防辐射，让我们从日常生活做起[N]. 中国妇女报，2011-03-31（B02）.

澎湃新闻. 把脉长江，科学施策：全球首个大型河流生命力报告发布. 长江生命力报告 2020. [EB/OL]. （2020-09-29）[2024-05-29]. https://www. chinanews. com. cn/gn/2020/09-29/9303304. shtml.

青海省贵南县人民政府网. 环保小常识：如何洗衣更低碳. [EB/OL]. （2017-08-26）[2021-07-14]. http://www. guinan. gov. cn/html/5680/492189.

html.

清华大学. 加强塑料污染治理　全球携手正当时[EB/OL]. （2020-09-14）
[2024-07-04]. https://www. tsinghua. edu. cn/info/1182/51353. htm.

丘舒晴，黄国勇，应光国，等. 海洋塑料垃圾的环境行为与生态效应研究进展[J].
生态毒理学报，2021，16（2）：23-24.

全国标准信息公共服务平台. 移动通信终端电磁辐射暴露限值[EB/OL].
（2022-12-29）[2023-09-17]. https://std. samr. gov. cn/gb/search/gbDetailed?
id=71F772D76A98D3A7E05397BE0A0AB82A.

人民网. 跟着总书记看中国丨久久为功紧抓"关键小事"，践行低碳生活新时
尚[EB/OL]. （2023-08-10）[2024-06-07]. http://sh. people. com. cn/n2/2023/
0810/c134768-40526432. html.

人民网. 进一步推动长江经济带高质量发展[EB/OL]. （2024-05-21）[2024-05-29].
http://opinion. people. com. cn/n1/2024/0521/c1003-40239879. html.

人民网. 全面推动生态文明建设取得新进步[EB/OL]. （2021-05-26）[2024-05-29].
http://env. people. com. cn/n1/2021/0526/c1010-32113809. html.

人民网. 探索一条废旧衣物回收有效路径（新视角）[EB/OL]. （2022-05-30）
[2024-06-15]. http://finance. people. com. cn/n1/2022/0530/c1004-32433328.
html.

人民网. 长江流域水资源保障能力不断夯实（大江大河·关注长江高水平保护
②）[EB/OL]. （2023-10-23）[2024-05-29]. http://env. people. com. cn/n1/2023/
1023/c1010-40100886. html.

人民网. 震惊！人类已生产 83 亿吨塑料　大部分成为废弃物[EB/OL].
（2017-07-20）[2024-07-04]. http://finance.people.com.cn/n1/2017/0720/ c1004-
29416494. html.

人民政协网. 党的十九大报告[EB/OL]. （2017-10-27）[2024-06-07]. https://www.
rmzxb. com. cn/c/2017-10-27/1851777. shtml.

任伯帜，侯保林，陈文文，等. 不同流态下微波辐射对污水污泥性质的影响研

究[J]. 环境科学学报，2013，33（7）：1907-1911.

三峡集团. 2023 年中华鲟人工繁殖数量达 120 万尾，创历史新高[EB/OL].
（2023-11-07）[2024-06-22]. https://baijiahao. baidu. com/s？id=17818785
48666391338&wfr=baike.

生态环境部，农业农村部，水利部.《重点流域水生生物多样性保护方案》[EB/OL].
（2018-03-22）[2024-06-22]. https://www.gov.cn/zhengce/ zhengceku/ 2018-12/31/
content_5437798. htm.

生态环境部.《中国生物多样性保护战略与行动计划（2023—2030 年）》. [EB/OL].
（2024-01-18）[2024-06-22]. https://www. mee. gov. cn/ywdt/hjywnews/202401/
t20240118_1064111. shtml.

生态环境部. 2017 年全国自然保护区名录[R/OL]. https://www. mee. gov.
cn/ywgz/zrstbh/zrbhdjg/201905/P020190514616282907461. pdf.

生态环境部. 2024 年全国生态环境保护工作会议[EB/OL]. （2024-01-27）
[2024-06-07]. https://www. mee. gov. cn/ywdt/hjywnews/202401/
t20240127_1064954. shtml.

生态环境部. 把碳达峰碳中和纳入生态文明建设整体布局 [EB/OL].
（2021-11-17）[2024-06-07]. https://www. mee. gov. cn/ywdt/ hjywnews/202111/
t20211117_960678. shtml.

生态环境部. 第十四届全国人民代表大会第二次会议报告[EB/OL]. （2024-03-05）
[2024-06-07]. https://www.mee.gov.cn/ywdt/szyw/202403/t20240305_ 1067704.
shtml.

生态环境部. 废塑料污染控制技术规范[EB/OL]. （2022-05-31）[2022-10-24].
http://www. mee. gov. cn/ywgz/fgbz/bz/bzwb/gthw/qtxgbz/ 202206/t20220607_
984652. shtml.

生态环境部. 废塑料污染控制技术规范[EB/OL]. （2022-05-31）[2024-07-04].
http://www. mee. gov. cn/ywgz/fgbz/bz/bzwb/gthw/qtxgbz/ 202206/t20220607_
984652. shtml.

生态环境部. 关于发布国家环境质量标准《电磁环境控制限值》的公告[EB/OL].
（2014-09-29）[2023-09-17]. https://openstd. samr. gov. cn/bzgk/gb/
newGbInfo？hcno=BAA7ED101E7418FDF2109EA62E7DDBE1.

生态环境部. 生态环境部等 17 部门联合印发《深入打好长江保护修复攻坚战行
动方案》[EB/OL]. （2022-09-19）[2024-06-21]. https://www. mee. gov.
cn/ywdt/xwfb/202209/t20220919_994359. shtml.

生态环境部. 以生态环境科技创新助力美丽中国建设[EB/OL]. （2022-08-31）
[2024-06-17]. https://www.mee.gov.cn/ywdt/hjywnews/ 202208/ t20220831_
992787. shtml.

生态环境部. 中国应对气候变化的政策与行动 2023 年度报告 [EB/OL].
（2023-10-27）[2024-06-07]. https://www. mee. gov. cn/ywgz/ ydqhbh/wsqtkz/
202310/t20231027_1044178. shtml.

生态环境部. 重点流域水生态环境保护规划·解读④三水统筹 系统治理 协
同推进长江流域水生态环境持续改善[EB/OL]. （2023-05-18）[2024-05-29].
https://www.mee.gov.cn/zcwj/zcjd/202305/t20230518_ 1030425. shtml.

生态环境部. 主要经济体能源与气候论坛[EB/OL]. （2021-09-17）[2021-09-25].
https://www. mee. gov. cn/ywdt/hjywnews/202109/ t20210918_950300. shtml.

生态环境部. 自然保护区类型与级别划分原则. GB/T 14529-93[S/OL].
[2021-06-15]. http://www.mee.gov.cn/ywgz/fgbz/bz/bzwb/stzl/199401/ t19940101_
82069. shtml.

生态环境部辐射环境监测技术中心. 电离辐射的农业应用 [EB/OL].
（2023-09-22）[2023-09-24]. https://www. rmtc. org. cn/kpxc/dlfs/201209/
t20120914_7242. shtml.

生态环境部长江流域生态环境监督管理局. 主要职责[EB/OL]. [2024-06-21].
https://cjjg. mee. gov. cn/dwgk/zyzz/.

史宝忠. 长治学院动物标本馆图册[M]. 西安：陕西科学技术出版社，2018.

舒国成，何忠萍，郭鹏，等. 长江流域水生两栖爬行动物多样性与保护[J]. 水产学报，2023，47（2）：50-61.

水利部. 2024年全国水利工作会议在京召开[EB/OL]. （2024-01-12)[2024-06-21]. http://www. mwr. gov. cn/zw/zdhyxx/202401/ t20240118_1701761. html.

水利部. 日常节水知识[EB/OL]. （2017-06-28）[2021-10-22]. http://www. pearlwater. gov. cn/swh/slbk/201810/t20181022_87139. html.

水利部. 水利部启动七大流域防洪规划修编工作[EB/OL]. （2022-04-21）. http://mwr. gov. cn/xw/slyw/202204/t20220421_1570408. html.

水利部. 长江[EB/OL]. （2023-01-13）[2024-05-29]. http://www. mwr. gov. cn/szs/ hl/201612/t20161222_776387. html.

水利部. 长江[EB/OL]. （2023-01-13）[2024-06-22]. http://www. mwr. gov. cn/szs/hl/201612/t20161222_776387. html.

水利部海河水利委员会. 华夏江河文化[EB/OL]. （2011-09-28）[2024-05-29]. http://www. hwcc. gov. cn/wwgj/hhwh/swh/201109/t20110928_3705. html.

司书春，许宏宇，张子珺，等. 城市出租车走航大气监测系统研究——以山东省济南市为例[J]. 环境保护，2020，48（7）：54-57. DOI：10. 14026/j. cnki. 0253-9705. 2020. 07. 011.

四川省人民政府. 四川铁布梅花鹿省级自然保护区功能区划公示总面积 27408 公顷[EB/OL]. （2018-06-07）[2021-02-12]. http://www. sc. gov. cn/10462/ 12771/2018/6/7/10452630. shtml.

四川省生态环境厅. "空天地"一体化监测技术保障"绿色"重大赛事四川以智慧监测助力生态环境治理现代化[EB/OL]. （2023-08-09）[2024-06-17]. https://sthjt.sc.gov.cn/sthjt/c104335/2023/8/9/4267a331c97e41a69fc8bc 9f7ec795ff. shtml.

宋金田. 放射性核污染的危害及预防措施[A]. 节能环保，2017-06-02.

苏冰涛. 中国城乡居民食品消费碳足迹的变化趋势[J]. 中国人口·资源与环境，2023，33（3）：13-22.

孙丹宁. 中国科学院大连化学物理研究所，塑料催化转化回收利用获进展[N].

中国科学报，2024-05-15（4）. DOI：10. 28514/n. cnki. nkxsb. 2024. 001005.

孙霞，苟燕如，严涵，等. 北疆典型棉区土壤微塑料污染现状及分布特征[J/OL]. 农业环境科学学报：1-14[2023-09-27]. http://kns. cnki. net/kcms/detail/12. 1347. S. 20230801. 1334. 004. html.

唐冠军. 立足新起点展现新作为奋力开启全面建设强大的现代化长江航运新征程[J]. 中国水运，2021（2）：17-19. DOI：10.13646/j.cnki.42-1395/u.2021. 02.008.

唐冠军. 全面推进长江航运高质量发展为长江经济带发展当好先行[J]. 旗帜，2019（10）：49-50.

涂永红. 筑牢长江经济带生态安全底线，夯实高质量发展根基[EB/OL]. （2024-04-10）[2024-05-05]. https://cjjjd.ndrc.gov.cn/zhongshuochangjiang/ xsyj/ 202404/t20240410_1365582. htm.

推动长江经济带发展网. 推动长江经济带发展战略基本情况[EB/OL]. （2019-07-13）[2024-05-29]. https://cjjjd.ndrc.gov.cn/zoujinchangjiang/ zhanlue/#.

推动长江经济带发展网. 着眼生态系统质量　保护长江生物多样性[EB/OL]. （2023-10-18）[2024-06-24]. https://cjjjd. ndrc. gov. cn/zhongshuochangjiang/ xsyj/202310/t20231018_1361291. htm.

王翠芳，黎焕敏，随献伟，等. 废弃塑料的回收及高值化再利用[J]. 高分子材料科学与工程，2021，37（1）：335-336.

王红秋，付凯妹. 新形势下我国废塑料回收利用产业现状与思考[J]. 塑料工业，2022，50（6）：38-42.

王琪，瞿金平，石碧，等. 我国废弃塑料污染防治战略研究[J]. 中国工程科学，2021，23（1）：161-162.

王松涛，杨霄，王丛，等. 城市生活垃圾填埋场污染物运移研究[J]. 中国农村水利水电，2021（7）：81-86.

王艳，苑宏博，董迎迎，等. 微波辐射技术在食品微生物中的应用[J]. 食品安全质量检测学报，2022，13（18）：5974-5982.

文传浩. 长江经济带产业发展研究领域的"深耕细作"——《长江经济带产业发展报告（2018）》评介. 2019（7）：127-128.

吴楠楠, 郭楚文, 夏爽. 垃圾填埋场渗滤液运移规律分析与模拟[J]. 环境工程学报, 2009, 3（9）：1602-1606.

吴志刚, 熊文, 侯宏伟. 长江流域水生植物多样性格局与保护[J]. 水生生物学报, 2019, 43（S1）：27-41.

吴志广, 袁喆. 适应长江经济带绿色发展的长江水资源开发保护总体战略[J]. 长江科学院院报, 2021, 38（7）：132-136, 142.

夏军, 陈进. 长江大保护实践与对策[J]. 南水北调与水利科技（中英文）, 2022, 20（4）：625-630. DOI：10. 13476/j. cnki. nsbdqk. 2022. 0064.

解磊. 塑料加工业发展稳增渐进[N]. 消费日报, 2024-02-28（A02）. DOI：10. 28866/n. cnki. nxfrb. 2024. 000179.

新华网. "限塑令"升级, 部分地区先行禁塑[EB/OL]. （2020-09-19）[2024-07-04]. http://www. xinhuanet. com/politics/2020-09/19/c_1126513230. htm.

新华网. 白色污染治理重在久久为功[EB/OL]. （2023-06-09）[2024-07-04]. http://www. xinhuanet. com/energy/20230609/7d798520f5334690926e775ecb 147b48/c. html.

新华网. 低碳生活引领环保新风尚[EB/OL]. （2022-09-28）[2024-06-21]. http:// www. news. cn/science/2022-09/28/c_1310666555. htm.

新华网. 非法码头屡禁不止！长江及重要支流岸线遭严重侵占[EB/OL]. （2024-05-20）[2024-05-29]. http://www.news.cn/local/20240520/3615ff737 c9f40279d7f10bd2ac7cf71/c. html.

新华网. 废弃塑料回收难, 再生利用有哪些堵点？[EB/OL]. （2024-04-15）[2024-07-04]. https://news. cctv. com/2024/04/15/ARTI503Tibra2oe8cRATIOD d240415. shtml.

新华网. 福岛核事故：那"被规则"的真相！[EB/OL]. （2016-06-01）[2023-09-16]. http://www. xinhuanet. com/world/2021-04/13/c_1127325596. html.

新华网. 聚焦中央生态环保督察丨中央生态环保督察集中曝光一批水环境问题 [EB/OL]. （2024-05-27）[2024-05-29]. http://www. news. cn/politics/20240527/ 81fce6fef807418fa4dd6e7907825151/c. html.

新华网. 李强签署国务院令 公布《节约用水条例》[EB/OL]. （2024-03-20） [2024-06-21]. http://www. xinhuanet. com/politics/20240320/1da453d63ac94d 22980b4a3a312f72e3/c. html.

新华网. 微塑料"入侵"人体影响有多大[EB/OL]. （2021-04-15）[2024-07-04]. http://www. news. cn/tech/20240410/144f99e74b6246cf9d9afb2439b1d675/c. html.

新华网. 习近平在第七十五届联合国大会一般性辩论上的讲话（全文）[EB/OL]. （2020-09-22）[2024-06-07]. https://www. gov. cn/xinwen/2020-09/22/content_ 5546168. htm？%20gov.

新华网. 习近平在十九届中央政治局第三十六次集体学习时的讲话[EB/OL]. （2022-01-14）[2024-06-10]. http://www. xinhuanet. com/politics/leaders/ 2022-06/15/c_1128744751. htm.

熊秋亮，黄兴元，陈丹. 废旧塑料回收利用技术及研究进展[J]. 工程塑料应用， 2013，41（11）：111-115.

央广网. 第十三届"绿色发展 低碳生活"主旨论坛在京举办[EB/OL]. （2022-07-01）[2024-06-15]. https://travel. cnr. cn/hydt/20220701/t20220701_ 525891621. shtml.

央广网. 生态环境部：长江经济带水质优良断面比例为 94%[EB/OL]. （2023-07-03）[2024-05-29]. https://news.cnr.cn/dj/20230629/t20230629_ 526308004. shtml.

央视网. 积极应对全球海洋塑料垃圾治理新态势[EB/OL]. （2023-02-07） [2024-07-04]. https://eco. cctv. com/2023/02/07/ARTIsIby7Cifta6KbeO7YiwY 230207. shtml.

杨延梅. 交通环境工程[M]. 北京：中国水利水电出版社，2020.

杨征. 基于塑料白色污染的精细化管理：以垃圾分类的"厦门模式"为例[J]. 塑料科技，2020，48（11）：147.

叶俊伟，张云飞，王晓娟，等. 长江流域林木资源的重要性及种质资源保护[J]. 生物多样性，2018，26（4）：406-413.

余清项，贾俊松，朱春敏，等. 中国居民直接能源消费碳排放时空跃迁特征及影响因素分析[J/OL]. 环境科学研究：1-16[2024-06-07]. https://doi. org/10. 13198/j. issn. 1001-6929. 2024. 04. 06.

张朝娟. 浅谈"白色污染"对环境的危害及防治[J]. 科技与企业，2014（19）：72. DOI：10. 13751/j. cnki. kjyqy. 2014. 19. 069.

张锋，李萍. 长江中的一抹红——胭脂鱼[J]. 大自然，2022（4）：37-39. DOI：10. 3969/j. issn. 0255-7800. 2022. 04. 007.

张惠远，王志勇. 科技创新守护绿水青山　护航生态文明建设[J]. 中国科技论坛，2023（7）：1-3. DOI：10. 13580/j. cnki. fstc. 2023. 07. 003.

张谦. 从"数字环保"到"智慧环保"研究[J]. 环境与发展，2020，32（12）：223-224. DOI：10. 16647/j. cnki. cn15-1369/X. 2020. 12. 110.

张茹，楼晨笛. 碳中和背景下的水资源利用与保护[J]. 工程科学与技术，2022（54-1）：69-82.

张少卿，张媛. "双碳"目标下多因素组合路径对低碳消费意愿的影响——基于 fsQCA 方法的研究[J]. 中国石油大学学报（社会科学版），2024，40（2）：39-47. DOI：10. 13216/j. cnki. upcjess. 2024. 02. 0005.

张诗青，王建伟，郑文龙. 中国交通运输碳排放及影响因素时空差异分析[J]. 环境科学学报，2017，37（12）：4787-4797.

张旭. 建筑装饰装修中低碳生活理念的应用[J]. 建材与装饰，2019（36）：110-111.

长江水利网. 长江流域概况[EB/OL]. （2023-09-24）[2024-05-29]. http://www.cjw. gov.cn/zjzx/lypgk/zjly/.

长江网. 王忠林主持召开长江防总 2024 年指挥长视频会议 [EB/OL]. （2024-04-23）[2024-05-29]. http://news. cjn. cn/sywh/202404/t4881808. htm.

曾晓起，刘梦坛. 自然青岛 100 种青岛人身边的海洋生物[M]. 青岛：青岛出版社，2017.

曾晓莹，邱荣祖，林丹婷，等. 中国交通碳排放及影响因素时空异质性[J]. 中国环境科学，2020，40（10）：4304-4313.

郑强. 塑料与"白色污染"刍议[J]. 高分子通报，2022（4）：1-10. DOI: 10. 14028/j. cnki. 1003-3726. 2022. 04. 001.

中共中央宣传部，生态环境部. 习近平生态文明思想学习纲要[M]. 北京：学习出版社，人民出版社，2022.

中国产业经济信息网. 我国塑料制品行业向高质量发展不断迈进[EB/OL]. （2024-02-08）[2024-07-04]. http://www. cinic. org. cn/hy/qg/1518049. html.

中国城市低碳经济网. 全民环保新概念指向——"低碳着装"[EB/OL]. （2013-01-21）[2021-07-14]. https://baike. baidu. com/reference/9154321/bcd1qDBwdvwL43qcCkzY_Ta2ip_Kqq4U6Yjxu0zJblfe7880aoxcjsq6q_Qz81LBkQcM3Ffqo33q3HL2iGKBhp-NStFgubDRYX6rRD1.

"中国地理百科"丛书编委会. 鄱阳湖平原[M]. 北京：世界图书出版公司，2017.

中国工信新闻网. 值此青绿　守护蔚蓝　信息技术"智"护生态环境　快来看看有哪些保护环境的"黑科技"[EB/OL]. （2024-06-14）[2024-06-17]. https://www. cnii. com. cn/rmydb/202406/t20240614_576620. html.

中国国家地理网. 卧龙自然保护区[EB/OL]. （2022-05-09）[2022-10-26]. https://www. cctv. com/special/536/3/25149. html.

中国环保科普资源网. "光盘行动指什么"[Z/OL]. （2014-12-16）[2021-07-14]. http://www. hbkp365. com/kpzs/sjar/2014-12-16-1756. html.

中国环境监测总站. 生态环境智慧监测创新应用"智慧分析"案例分享（二）[EB/OL]. （2023-12-21）[2024-06-18]. https://mp. weixin. qq. com/s/m5UiVhS7pk4MPXicCDT0tg.

中国环境监测总站. 生态环境智慧监测创新应用"智慧分析"案例分享（一）[EB/OL]. （2023-12-20）[2024-06-18]. https://mp.weixin.qq.com/s/7hcS8vRk

HwdQMfKPVSAMTg.

中国环境监测总站. 生态环境智慧监测创新应用"智慧感知"案例分享（二）[EB/OL]. （2023-12-17）[2024-06-18]. https://mp. weixin. qq. com/s？__biz=MzI0MDYzMzIxNA==&mid=2247564835&idx=1&sn=29f5536f226f00e b8c0bf6c2089a010f&chksm=e9146a32de63e32414eef59ddcd16da9ad277ad53 ea45edf21f415202aeaadc5db70008d7076&scene=27.

中国环境监测总站. 生态环境智慧监测创新应用"智慧管理"案例分享[EB/OL]. （2023-12-18）[2024-06-18]. https://mp. weixin. qq. com/s？__biz=MzI0 MDYzMzIxNA==&mid=2247564888&idx=1&sn=25d1b8ad38d2e5f91c0b486 2d2203da2&chksm=e9146a49de63e35f6028dacf8e9829fa15334553c5d1d367d 850abcfcb66174f345cac7fcc14&scene=27.

中国疾控中心. 医用 X 射线影像诊断中的放射防护[EB/OL]. （2023-01-14）[2023-09-18]. https://baijiahao.baidu.com/s？id=1754956302449058616 &wfr= spider&for=pc.

中国计量科学研究院. 电磁辐射知多少 中国计量院电磁环境专家带你认识身边的电磁场 [EB/OL]. （2023-09-12）[2023-09-17]. https://www. nim. ac. cn/node/267.

中国经济网. 独行者速众行者远，中国双碳目标引纺织服装企业在前行[EB/OL]. （2023-09-22）[2024-06-12]. https://tech. chinadaily. com. cn/a/202309/25/WS 65113853a310936092f237f6. html.

中国军网. 白领必备防电磁辐射植物荐[EB/OL]. （2014-07-03）[2023-09-18]. http://www. 81. cn/zghjy/2014-07/03/content_6030428. htm.

中国军网. 有利于防辐射的几种食物[EB/OL]. （2012-10-29）[2023-09-18]. http://www. 81. cn/zghjy/2014-07/03/content_6030428. htm.

中国军网. 预防电脑辐射[EB/OL]. （2016-11-09）[2023-09-18]. http://www. 81. cn/zghjy/2016-11/09/content_7350690. htm.

中国科普博览. 浅谈数学科学与数学技术[EB/OL]. （2016-01-04）[2024-06-18].

https://www.kepu.net.cn/blog/zhangjianzhong/201903/t20190327_475677. html.

中国科学院. "碳达峰"与"碳中和"——绿色发展的必由之路[EB/OL].
（2021-08-13） [2024-06-07]. https://www. cas. cn/zjs/202108/t20210813_
4801862. shtml.

中国科学院. 空气传播的微塑料污染已"遍布全球"[EB/OL]. （2021-04-15）
[2024-07-04]. https://www. cas. cn/kj/202104/t20210415_4784783. shtml.

中国科学院水生生物研究所. "长江之子"——珍稀动物[EB/OL]. （2023-07-05）
[2024-06-22]. https://ihb. cas. cn/kxcb_1/kxcb/202012/t20201216_5822149.
html.

中国科学院水生生物研究所. 长江之子-珍稀动物[EB/OL]. （2010-10-19）
[2024-05-29] https://ihb.cas.cn/kxcb_1/kxcb/202012/t20201216_5822149. html.

中国科学院水生生物研究所[EB/OL]. （2021-03-12）[2024-06-22]. https://ihb. cas.
cn/kxcb_1/kxcb/202103/t20210312_5974282. html.

中国能源报. 国际能源署：2023 年全球碳排放再创新高[EB/OL]. （2024-03-18）
[2024-06-15]. https://www. in-en. com/article/html/energy-2331159. shtml.

中国人大网. 国务院关于长江流域生态环境保护工作情况的报告[EB/OL].
（2021-06-07）[2024-05-29]. http://www.npc.gov.cn/c2/c30834/202106/ t20210607_
311745. html.

中国人大网. 全国人民代表大会常务委员会专题调研组关于珍惜粮食、反对浪
费情况的调研报告[EB/OL]. （2020-12-23）[2021-07-14]. http://www. npc.
gov. cn/npc/c30834/202012/54c3e0f5e7e94ecab9feb5cf9f522f25. shtml.

中国数字科技馆. 辐射对人体的影响[EB/OL]. （2016-10-20）[2023-09-16].
https://www. cdstm. cn/frontier/wl/201610/t20161020_586830. html.

中国水利. 全国政协委员仲志余：贯彻长江保护法，共抓长江大保护[EB/OL].
（2021-03-09）[2024-05-29]. https://www.chinawater.com.cn/ztgz/xwzt/2021lh/
3/202103/t20210309_762258. html.

中国水利. 社论：开启长江保护发展新征程[EB/OL].（2020-12-29）[2024-05-29].

https://www.chinawater.com.cn/newscenter/kx/202012/t20201229_759879.html.

中国水利. 水利部科学技术委员会开展长江中下游河湖水系连通修复专题咨询活动[EB/OL].（2023-12-13）. https://www. chinawater. com. cn/yw/202312/t20231213_1036009. html.

中国塑料加工工业协会. 2020 年我国塑料加工业经济运行分析[EB/OL].（2022-5-31）[2024-07-04]. https://mp. weixin. qq. com/s?__biz=MzU0MjA2OTIxOA==&mid=2247500343&idx=2&sn=5dabac9c4fecd5bcd8e0abfe3a1be5cf&chksm=fb22dabacc5553ac615a6abbc738561742f92221e144db68b3e4f8dee05e2cb307d9f3f76775&scene=27.

中国信息报. 2023 年长江经济带高质量发展步伐坚实[EB/OL].（2024-03-27）[2024-06-21]. http://paper.zgxxb.com.cn/pc/content/202403/27/content_39723.html.

中国政府网.《公民节约用水行为规范》发布[EB/OL].（2021-12-20）[2024-06-21]. https://www. gov. cn/xinwen/2021-12/20/content_5662886. htm.

中国政府网.《关于进一步加强生物多样性保护的意见》[EB/OL].（2021-10-19）[2024-06-22]. https://www. gov. cn/xinwen/2021-10/19/content_5643674. htm? eqid=edf09abd00051ab20000000364660a1a.

中国政府网. 2023 年长江江豚保护日活动在江西湖口举办[EB/OL].（2023-10-25）[2024-05-29]. https://www. gov. cn/lianbo/bumen/202310/content_6911553. htm.

中国政府网. 2024—2025 年节能降碳行动方案[EB/OL].（2024-05-29）[2024-06-12]. https://www. gov. cn/zhengce/zhengceku/202405/content_6954323. htm.

中国政府网. 党的二十大报告[EB/OL].（2022-10-25）[2024-06-07]. https://www. gov. cn/xinwen/2022-10/25/content_5721685. htm.

中国政府网. 国务院办公厅关于坚定不移推进长江十年禁渔工作的意见[EB/OL].（2024-03-21）[2024-05-29]. https://www. gov. cn/zhengce/content/

202403/content_6940787. htm.

中国政府网. 国务院办公厅关于限制生产销售使用塑料购物袋的通知[EB/OL].
（2008-01-08）. https://www. gov. cn/zwgk/2008-01/08/ content_852879. htm.

中国政府网. 国务院关于《长江经济带——长江流域国土空间规划（2021—
2035 年）》的批复[EB/OL]. （2024-02-09）[2024-05-29]. https://www.gov.cn/
zhengce/content/202402/content_6931103. htm？lj.

中国政府网. 国务院关于加快建立健全绿色低碳循环发展经济体系的指导意
[EB/OL]. （2021-02-22）[2024-06-07]. https://www. gov. cn/zhengce/content/
2021-02/22/content_5588274. htm？5xyFrom=site-NT.

中国政府网. 河流和湖泊[EB/OL]. （2005-09-13）[2024-06-21]. https://www. gov.
cn/guoqing/2005-09/13/content_2582631. htm.

中国政府网. 河流和湖泊[EB/OL]. （2021-04-09）[2024-06-22]. https://www. gov.
cn/guoqing/2005-09/13/content_2582631. htm.

中国政府网. 健康生活：七招教你防家电辐射 [EB/OL]. （2021-07-08）
[2023-09-17]. https://www. gov. cn/govweb/fwxx/jk/2009-06/24/
content_1348768. htm.

中国政府网. 全国生态环境保护大会[EB/OL]. （2023-07-18）[2024-06-07].
https://www. mee. gov. cn/ywdt/szyw/202307/t20230718_1036581. shtml.

中国政府网. 水利部关于加强河湖水域岸线空间管控的指导意见[EB/OL].
（2022-07-20）https://www. gov. cn/gongbao/content/2022/ content_5701574.
htm.

中国政府网. 水利部印发关于完善流域防洪工程体系的指导意见和实施方案
[EB/OL]. （2022-01-01）. https://www. gov. cn/xinwen/ 2022-01/01/content_
5665983. htm.

中国政府网. 我国将采取三方面举措保护长江珍稀濒危物种[EB/OL].
（2024-04-02）[2024-06-22]. https://www. gov. cn/zhengce/202404/content_
6943140. htm.

中国政府网. 西双版纳国家级自然保护区简介[EB/OL]. （2019-03-06）
[2021-02-12]. https://www. xsbn. gov. cn/zrbhq/112818. news. detail. dhtml?
news_id=1855867.

中国政府网. 习近平同法国德国领导人举行视频峰会[EB/OL]. （2021-07-05）
[2024-06-07]. https://www. gov. cn/xinwen/2021- 07/05/content_5622612. htm.

中国政府网. 习近平主持召开进一步推动长江经济带高质量发展座谈会强调：进
一步推动长江经济带高质量发展 更好支撑和服务中国式现代化[EB/OL].
（2023-10-12）[2024-05-29]. https://www.gov.cn/yaowen/liebiao/202310/content_
6908721. htm.

中国政府网. 现场直击长江江豚科考[EB/OL]. （2022-09-24）[2024-06-22].
https://www. gov. cn/xinwen/2022-09/24/content_5711735. htm#2.

中国政府网. 新时代中国调研行 ｜ 一江碧水两岸新——长三角共建长江水系
"生态廊道"[EB/OL]. （2024-04-04）[2024-05-29]. https://www. gov.
cn/lianbo/difang/202404/content_6944332. htm.

中国政府网. 新兴产业带强势崛起[EB/OL]. （2023-08-08）[2024-06-21]. https://
www.gov.cn/yaowen/liebiao/202308/content_6897407. htm.

中国政府网. 长江流域水生生物资源量呈恢复态势[EB/OL]. （2023-10-13）
[2024-05-29]. https://www.gov.cn/lianbo/bumen/202310/ content_6908750. htm.

中国政府网. 长江流域已建立 13 处自然保护区保护长江江豚[EB/OL].
（2022-11-28）[2024-05-29]. https://www. gov. cn/xinwen/2022-11/28/content_
5729293. htm.

中国政府网. 中共中央 国务院关于完整准确全面贯彻新发展理念做好碳达峰
碳中和工作的意见[EB/OL]. （2021-09-22） [2024-06-07]. https://www. gov.
cn/gongbao/content/2021/content_5649728. htm.

中国政府网. 中国应对气候变化的政策与行动[EB/OL]. （2021-10-27）
[2024-06-07]. https://www.gov.cn/zhengce/2021-10/27/ content_5646697. htm.

中国政府网. 住房和城乡建设部发布《生活垃圾分类标志》标准. https://www. gov.

cn/xinwen/2019-11/15/content_5452524. htm.

中华鲟-长江水产研究所. 中华鲟[EB/OL]. （2023-09-25）[2024-06-22]. https://www. yfi. ac. cn/info/1162/4913. htm.

中金公司研究部，中金研究院. 碳中和经济学：新约束下的宏观与行业趋势[M]. 北京：中信出版社，2021.

重庆市人民政府. 重庆市生活垃圾分类管理办法[EB/OL]. （2018-11-23）[2021-10-21]. http://www.cq.gov.cn/zwgk/zfxxgkml/szfwj/zfgz/zfgz/201811/t20181123_8836461. html.

周利娟. 教你节约使用天然气[J]. 广西节能，2011（1）：38-39.

朱凯阳，任广跃，段续，等. 红外辐射技术在农产品干燥中的应用[J]. 食品与发酵工业，2021，47（20）：303-311. DOI：10. 13995/j. cnki. 11-1802/ts. 026575.

住房和城乡建设部. 住房和城乡建设部关于发布国家标准《绿色建筑评价标准》的公告[EB/OL]. （2019-03-13）[2021-10-05]. http://www. mohurd. gov. cn/wjfb/201905/t20190530_240717. html.